Jean-Jacques ROUSSEAU

und die Botanik als *grüne Leidenschaft*

GEORG SCHWEDT

Impressum

Umschlaggestaltung: Harald Rockstuhl, Bad Langensalza

Titelbild: „Rousseau beim Pflanzensammeln in Ermonville“,
Rousseau-Sammlung in der Bibliothèque Publique et Universitaire Genève

Innenlayout: Prof. Dr. Georg Schwedt

ISBN 978-3-95966-781-4

Autor Prof. Dr. Georg Schwedt im Verzeichnis der Deutschen Nationalbibliothek
mit der GND-Nr. 120302233 *(https://d-nb.info/gnd/120302233)*
sowie im globalen Register der Autorinnen und Autoren
mit der ISNI-Nr. 0000000109174881 *(https://isni.org/isni/0000000109174881)*

Druck und Bindearbeit: Digital Print Group Oliver Schimek GmbH,
Nürnberg/Mittelfranken

Gedruckt auf alterungsbeständigem Papier nach ISO 9706

Die Deutsche Nationalbibliothek verzeichnet diese Publikation in der
Deutschen Nationalbibliografie. Detaillierte bibliografische Daten
sind im Internet über *http://dnb.d-nb.de* abrufbar.

Verlag Rockstuhl
www.verlag-rockstuhl.de

Verlag Rockstuhl, Inhaber: Harald Rockstuhl
Mitglied des Börsenvereins des Deutschen Buchhandels e.V.
Lange Brüdergasse 12 in D-99947 Bad Langensalza/Thüringen
Telefon: 03603 / 81 22 46, E-Mail: verlag-rockstuhl@web.de
www.verlag-rockstuhl@web.de
https://d-nb.info/gnd/1064213219

INHALT

Jean-Jacques Rousseau

KURZBIOGRAPHIE

Jean-Jacques ROUSSEAU – Porträt (1753) in Pastell von Maurice Quentin de la Tour (1704-1788, Pastell-Porträtmaler des franz. Rokoko)

Signatur von Rousseau

Jean-Jacques ROUSSEAU wurde am 28. Juni 1712 als Sohn des von Hugenotten abstammenden Uhrmachers Isaac Rousseau (1672-1748) und dessen Ehefrau Suzanne geb. Bernard (1673-1712), Tochter eines Genfer Pastors, in Genf geboren.

Er wuchs in schwierigen Verhältnissen auf, kam in die Obhut seines Onkels Gabriel Bernard, erhielt beim Pfarrer Lambervier in Bossey (Waadt) Unterricht und ging 1724 in die Lehre bei einem Gerichtsvollzieher, 1725 bei einem Graveur. 1728 begann er eine Wanderschaft und kam durch einen katholischen Geistlichen in Savoyen in Kontakt zur Madame Francois-Louise de WARENS (1699-1762) als seine zeitweise wichtigste Bezugsperson. Nach weiteren Wanderungen und kurzzeitigen Tätigkeiten als Schreiber im Katasteramt und als Musiklehrer lebte er zwischen 1732 und 1737 im Haus der Madame de Warens, die 1735 das vor den Toren von Chambérys gelegene Anwesen *Les Charmettes* pachtete – heute Rousseau-Museum.
1740 trat er eine Stelle als Hauslehrer bei der Familie Mably in Lyon an. Ab 1742 lebte er in Paris und machte zahlreiche Bekanntschaften mit den Vordenkern der Aufklärung.
Über diese Zeit ist in dem „Bilder-Conversations-Lexikon für das deutsche Volk. Ein Handbuch zu Verbreitung gemeinnütziger Kenntnisse und zur Unterhaltung" von 1839 aus dem F. A. Brockhaus Verlag in Leipzig zu lesen:

Hier half er sich hauptsächlich durch seine musikalischen Kenntnisse und Fertigkeiten fort, denen die Franzosen einige ihrer ausdrucksvollsten Compositionen verdanken, nahm aber 1743 eine Stelle als Gesandtschaftssecretair beim franz. Gesandten in Venedig an. Obgleich er sich allgemeine Achtung in diesem Verhältnisse erwarb, kehrte er doch nach 1 ½ Jahren nach Paris zurück, wo er sich kärglich behelfen mußte. Er fuhr indeß eifrig in seinen wissenschaftlichen Studien fort und trat in Verbindung mit Encyklopädisten; auch kamen einige Opern von ihm zur Aufführung. Allein erst im J. 1750 erlangte er durch sein erstes philosophisches Werk einigen Ruf, welches die von der Akademie zu Dijon gestellte Preisfrage: ob die Wiederherstellung der Wissenschaften und Künste zur Verbesserung der Sitten beigetragen habe, verneinte und das Gegenteil mit einem Scharfsinn und einer Beredsamkeit zu beweisen suchte, welcher der Preis ertheilt wurde. Eine Menge Gegner traten mit sehr ernsthaften Widerlegungen dieser Schrift auf, die ihre Richtung durch Diderot's Bemerkung erhalten haben soll, daß

R. mittels bejahender Bearbeitung jener Preisfrage kein Aufsehen machen werde. Das letztere erregte sie allerdings in hohem Grade und in Spanien ward sie sogar Gegenstand der Aufmerksamkeit des Hofes und der Inquisition. Der Ruhm R.'s vergrößerte sich in Folge seiner fernern Leistungen auf philosophischem Gebiete, in der Dichtkunst, Musik und Botanik, doch fand er auch so viel Neider und Feinde, daß er sogar Paris 1754 auf einige Zeit verließ...

In Genf verfasste er zwischen 1757 und 1760 seine *Neue Heliose, jenen berühmten Roman, welcher mit unübertroffenen Schönem eine Menge Schwächen und grobe Mängel verbindet, die zum Theil Folge des damaligen Zustandes der Gesellschaft sind, die Frauen aber so für den Verfasser begeisterte, daß sein Bild in Armbändern und am Herzen getragen wurde. ...*

1762 erschien sein reformpädagogisches Hauptwerk *‚Emil oder von der Erziehung', durch welches Buch R. ein von ihm gegen die Natur begangenes Verbrechen sühnen wollte und das eine Umwälzung in der Erziehung der gesammten europ. gebildeten Welt bewirkte.*

(...)

Allein nicht blos die von R. darin empfohlene naturgemäße Erziehung [Slogan: Zurück zur Natur!], *sondern mehr noch die in Form eines Glaubensbekenntnisses einem savoyischen Geistlichen in den Mund gelegten religiösen Ansichten zogen R. Verfolgungen von Seiten des pariser Parlaments und Erzbischofs zu und der ‚Emil' ward vom Henker öffentlich zerrissen und verbrannt. Dasselbe geschah bald darauf in Genf und R. fand erst in einem Dorfe des Cantons Neuchatel einen Zufluchtsort, wo ihm König Friedrich II. Beweise der zartesten Theilnahme geben ließ. (...)*

Nach der Verbrennung des *Emile* 1762 gewährte ihm der Gouverneur Friedrich des Großen, Lord Keith, Asyl im Gebiet von Neuchâtel und im *Tal des Tracers* in *Motiers* erhielt Rousseau durch die Neuenburger Familie *Boy de la Tour* Unterkunft in einem Bauernhaus. Von dort aus unternahm er lange

Spaziergänge und botanische Exkursionen mit dem Arzt und Botaniker *Jean -Antoine d'Ivernois* in die Umgebung, der ihn auch zur Anlage eines Herbariums und zum Kauf botanischer Lehrbücher anregt.

Julie-Anne-Marie Boy de la Tour, geb. Roduin (1715-1780) war die Witwe des Lyoner Bankiers Pierre Boy de La Tour (Môtiers 1706-1758 Lyon).
Reinhard Stumm schrieb zum Erscheinen des Buches „Botanisieren mit Jean-Jacques Rousseau" von Ruth Schneebeli-Graf (2003) in BAUHINIA 18/2004 (73-74) u.a.:

„1762 Rousseaus Roman «Emile» in Paris öffentlich verbrannt worden. Da war Rousseau fünfzig Jahre alt. Er flüchtete mit seiner Lebensgefährtin Thérèse in die Schweiz. In Motier, im Val de Travers, fand er einen ersten Unterschlupf. Dazu hatte ihm die kluge und gewandte Lyoner Bankiersfrau Julie-Anne-Marie Boy der la Tour-Roguin (1715-1780) verholfen.

Dem berühmten Schriftsteller ging es nicht gut. Sein kluger Neuenburger Arzt [Jean-Antoine d'Ivernois – s. weiter unten] lud ihn zu den Exkursionen ein, die er mit anderen geübten Liebhabern der Botanik unternahm. Das war die Bewegung, die Rousseau brauchte. Er war Feuer und Flamme. Er packte Kaffee und Zucker, Kochgeschirr und Bücher (Linnaeus und Sauvages) zusammen und wanderte, mal mit allen anderen auf den Chasseron, mal allein in Motiers, in Brot, Creux de Van, La Ferrière, auf der Petersinsel, «mit dem Linné unter dem Arm, der Lupe in der Hand nach der gewünschten Pflanze suchend». Er lernte schnell. Das waren die Jahre von 1762 bis 1785."

Das Landhaus der Familie Boy de La Tour – heute „Musée Jean-Jacques Rousseau" in Môtiers

(Öffnungszeiten Mitte Mai bis Mitte Oktober. „Das Rousseau-Museum gedenkt dem Aufenthalt von Jean-Jaques Rousseau in Môtiers in zwei der vier Zimmer im Obergeschoss des Hauses, in welchem er drei Jahre im Exil verbrachte.
Entdecken Sie rund 200 Originaldokumente über 8 Stationen, die von seinen Erlebnissen in der Schweiz, dem Gebäude aus dem späten 15. Jahrhundert, welches er bewohnte, der aufgrund seiner Gebrechen einzigartigen Kleidung, seinen sozialen Beziehungen und dem Bild, das er seinem Publikum abgab, erzählen." – Webseite des Museums. – „Der Museumsbesuch ist auch Ausgangspunkt des 60 Bronzesteinen markierten Jean-Jacques-Rousseau-Wegs durch das Dorf bis zum berühmten Wasserfall, welcher auch im zweiten Brief an den Marschall von Luxemburg erwähnt wird." - Anreise mit öffentlichen Verkehrsmitteln: SBB-Bahnhof in Môtiers.)

Zeittafel – ab 1762 (Beginn der Studien zur Botanik)

1762	Asyl in Neuchâtel – bezieht im Juli ein Haus im Bergdorf Môtiers
1765	6. Sept. Flucht aus Môtiers nach Verfolgung durch die Bevölkerung auf die St. Petersinsel im Bieler See
1766	4. Januar Reise nach England: in Chiswick, im März in Wooton
1767	wieder in Frankreich
1772	Botanische Exkursionen in die Umgebung von Paris, Briefe und Aufsätze zur Botanik
1778	20. Mai Übersiedlung nach Ermonville auf das Gut des Marquis de Girardin 2. Juli plötzlicher Tod im Alter von 66 Jahren, Beisetzung an 4. Juli auf einer Insel im See des Parks von Ermonville
1794	Überführung des Sarges in das Pariser Panthéon.

Rousseaus *grüne Leidenschaft* im Val de Travers (1762-1765)

Albert JANSEN berichtete (1885) in seinem Werk „Jean-Jacques Rousseau als Botaniker“ im Kapitel „Lockungen und Zwang zur Botanik“ u.a.:

„Das ganze Val-de-Travers, berichtete Rousseau schon 1763 dem Marschall von Luxembourg, ist voll Merkwürdigkeiten der Natur, die man erst nach und nach entdeckt, und die der Landschaft durch dies Nacheinander der Entdeckungen jeden Tag den Reiz der Neuheit verleihen. Dem, der sie zu erkennen vermag, schüttet hier die Botanik ihre Reichthümer hin, und oftmals, wenn ich um mich heraum diese Ueberfülle seltener Pflanzen gewahre, werde ich traurig gestimmt, das ich über sie hinschreite als Unwissender.“

Charles Francois II. de Montmorency-Luxembourg (1703-1764) war seit 1757 Marschall von Frankreich. Auf seinem Anwesen in Montmorency (Val-d’Oise), etwa 13 km nördlich von Paris, hatte der Marshall Rousseau von 1757 bis 1762 Unterschlupf gewährt.

Motiers-Travers – im Vordergrund rechts das von Rousseau bewohnte Haus, in der Mitte der Wasserfall (Kupferstich von Francois Godefroy (1743-1819) um 1780)

In seiner Autobiographie „Bekenntnisse“ (2. Teil) geht Rousseau im „Zwölften Buch. In der Schweiz“ ausführlich auf diesen Aufenthalt ein – er schrieb:

„Madame Boy de la Tour schlug mir vor, ein leerstehendes, aber mit allem Hausrat versehenes Haus zu beziehen, das ihr Sohn im Dorfe Motiers im Tal von Travers in der Grafschaft Neuenburg besaß. Nur einen Berg brauchte ich zu übersteigen, um dort zu sein. Dies Anerbieten kam mir um so gelegener, weil ich auf diese Weise im Gebiete des Königs von Preußen zu wohnen kam, wo ich gewiß vor jeder Verfolgung geschützt sein mußte, oder wenigstens die Religion nicht als Vorwand hierzu gebraucht werden konnte. (...)“

„Wenige Zeit nach meiner Niederlassung in Motiers-Travers, nachdem ich mich von allen Seiten einer zukünftigen Ruhe versichert glaubte, legte ich armenische Kleidung an. Dieser Gedanke war bei mir nicht ganz neu. (...) Ich legte also das armenische Wams, den Kaftan, die gefütterte Mütze und den Gürtel an, und nachdem ich in diesem Aufzug dem Gottesdienst beigewohnt hatte, sah ich kein Hindernis weiter, warum ich nicht auch in demselben bei Mylord Marschall [Keith] erscheinen könne. Als seine

Exzellenz mich so gekleidet sahen, sagten sie bloß statt der gewöhnlichen Begrüßung zu mir: ‚*Salaam aleikum*'. Mit diesem einzigen Worte war alles abgemacht, und von an kleidete ich mich nie mehr anders."

Der schottische Adelige Georg KEITH (1693-1778) lebte lange im Ausland, war mit Friedrich dem Großen befreundet. Er kam durch seinen Bruder James, der in preußischen Diensten war, nach Berlin und trat in eine freundschaftliche Verbindung mit dem König, dessen literarischen Interessen er teilte. Von 1754 bis 1759 war er Gouverneur von Neuchâtel.

Jean-Antoine D'IVERNOIS

Die *Grüne Leidenschaft* begann mit dem Kontakt zu Jean-Antoine d'Ivernois. Jean-Antoine d'IVERNOIS (1703-1765) war der Sohn eines Notars, der 1722 vom preussischen König geadelt worden war. Er wurde in Môtiers im Schweizer Kanton Neuenberg, der ältesten Gemeinde des *Val de Travers* geboren. Im 10. Jahrhundert gründeten Benediktinermönche hier ein Kloster und machten das Val de Travers urbar zu machen, das zum Hoheitsgebiet des Königreichs Burgund gehörte. Neuenburg wurde 1648 ein Fürstentum, welches ab 1707 durch Personalunion mit dem Königreich Preußen verbunden war. 1806 wurde das Gebiet an Napoleon I. abgetreten, im Zuge des Wiener Kongresses kam es 1815 an die Schweizerische Eidgenossenschaft.

George Keith

Albrecht von Haller 1736

Jean-Antoine d'Ivernois studierte Medizin, lebte während und nach seiner Studienzeit auch einige Jahre in Russland und promovierte zum Dr. med. in Montpellier. Er ließ sich als Arzt in Neuenburg nieder und leitete als Kenner der Flora des Neuenburger Juras 1739 eine Exkursion auf den *Creux de Van* (an der Grenze der Kantone Neuenburg und Waadt im Val de Travers), an der Albrecht von Haller (1708-1777; von 1735 bis 1753 Prof. in Göttingen; danach in Bern – ab 1758 Direktor der Salzbergwerke von Roche/Kanton Waadt) teilnahm. Der von d'Ivernois handschriftlich verfasste Pflanzenkatalog soll von Haller intensiv genutzt worden sein.

Albert Jansen würdigt den Arzt und Botaniker ausführlich in seinem Buch über Rousseau als Botaniker (1885). Die Familie d'Ivernois stamme aus dem südlichen Frankreich, das sie wegen der Hugenotten-Verfolgung verlassen habe. Ein Zweig ließ sich in Genf, der andere in Neuchâtel nieder. Jean-Antonie d'Ivernois hatte mehrere Brüder, von denen der Staatsrat und General-Prokurator (1747-1763 Generalstaatsanwalt des Fürstentums Neuenburg) Guillaume Pierre d'Ivernois (1701-1775) mit seiner Familie im Sommer ein Haus in Motiers-Travers bewohnte.

„In sein Haus eingeführt, wurde Rousseau bald mit den Insassen und auch mit dem Arzte befreundet, der als alter Junggeselle oft im heiteren Kreise seiner Verwandten weilte. (...) Dieser gelehrte Mann fiel 1763 in eine schmerzvolle Krankheit, so dass man bald an seinem Aufkommen

vezweifelte. Marie-Isabelle [Tochter von Guillaume Pierre d'Ivernoir] *pflegte ihn seit dem Januar 1764 in seiner Neuchâteler Wohnung; der Frühling brachte ihm eine Linderung, aber mitten im Winter 1764/65 traf ihn der Tod. Rosseau verlor mit ihm einen Freund, der ihm höchste Achtung entgegen getragen hatte, und den er verehrte und bewunderte…"*

Dem Arzt Jean-Antoine d'Ivernois verdankte Rousseau die *Einführung in die Botanik*. Durch ihn sei er auf Linné hingewiesen und dessen System hingewiesen worden. Rousseau sei Linné wie ein guter Geist im Himmel erschienen, *„welcher das lieblichste der drei Naturreiche aus der Nacht des Aberwitzes und der Selbstsucht zum Lichte und zur Lust zurückführte. Ganz anders sah nun der Schüler des Doctor d'Ivernois die Welt, als sie der Schützling der Frau von Warens gesehen hatte. Er empfing einen neuen Geist von dem kranken Lehrer, der sterbend ihm noch begeistert erzhählte von den Schätzen Flora's auf dem Creux-du-Van und dem Chasseron, auf allen Höhen und in allen Thälern der nächsten Umgebung."*

Historische Postkarte (Lithographie) von Creux du Van

Das *Val des Travers* ist ein Längstal im Neunburger Jura, das von der Areuse durchflossen wird; es liegt quer zu den anderen Juratälern, der Talboden weist eine mittlere Höhe von 730 m ü. M. auf. Der *Creux-du-Val* ist ein Kar (Trog) im Schweizer Jura an der Grenze zwischen den Kantonen Neuenburg und Waadt im Tal des Travers und wird auch heute als ein geologisch und botanisch wertvolles und interessantes Gebiet bezeichnet. Der *Chasseron* ist ein über 1600 m hoher Gipfel im Waadtländer Jura.

Nach dem Tod von d'Ivernois zog es Rousseau im Juni 1764 wieder von früh bis spät ins Freie: *„... jetzt verlieh die Botanik seinen Promenaden einen neuen und ausserordentlichen Reiz, wodurch dann alsbald die Neigung zu diesem Studium eine förmliche Leidenschaft wurde.* (A. Jansen)

Die kurze Zeit, die Rousseau in dieser Region verbrachte, beschrieb Ruth Schneebeli-Graf, welche das Buch „Botanik für artige Frauenzimmer. Jean-Jacque Rousseau" (1980) herausgab, wie folgt:
„Sie [d'Ivernois und Rousseau] durchstreiften Feld und Wald, das ganze Zal, bestiegen die nahen Hügel. Sein Begleiter, ein kenntnisreicher Pflanzenfreund, wußte viel zu berichten. Er fand in Rousseau nicht nur einen aufmerksamen Zuhörer, wohl aber seinen gelehrigsten Schüler, der Auge und Ohr war. (...)"

Abraham Gagnebin

Abraham GAGNEBIN

Begleiter bei diesen Exkursionen war auch der Mediziner und Naturforscher Abraham GAGNEBIN (1707-1800). Er wurde in einer Arztfamilie in Renan im Berner Jura geboren und studierte Medizin sowie Botanik in Basel. In dieser

Zeit (um 1725) unternahm er bereits zahlreiche Exkursionen im Basler Jura. Als Chirurg trat er in das Schweizer Regiment in Straßburg ein und begleitete den Botaniker Franz Balthasar von Linden (1682-1755) auf Exkursionen. 1735 ließ er sich als Arzt in La Ferrière (Kanton Bern) nieder und nahm u.a. Kontakt zu Jean-Antoine d'Ivernois auf. 1739 lernte er auch Albrecht von Haller kennen.

1765 machte er die Bekanntschaft mit Rousseau. Im Juni 1765 hielt dieser sich für zwölf Tage in La Fernière auf. Er soll sich dort auch das Raritätenkabinett von Gagnebin angesehen haben, das dieser zusammen mit seinem Bruder Daniel zusammengetragen hatte. Das Wohnhaus von Abraham und Daniel Gagnebin steht noch und wurde als *Maison Gagnebin* in die Liste der Kulturgüter von nationaler Bedeutung im Kanton Bern aufgenommen.

Albert Jansen würdigt ihn wie folgt:

„Abraham Gagnebin war ein Mann von 57 Jahren. Als Student der Medicin hatte er in Basel durch Theodor Zwinger [1658-1724, naturwissenschaftlich gebildeter Arzt] *und dessen Sohn Johann Rudolf Neigung zur Naturwissenschaft erhalten, und als Arzt eines Schweizerregimentes, das in Französischen Diensten stand, war er in Strassburg mit dem Professor von Lindern in Beziehung getreten, der sich in Botanik hervorthat und 1728 eine Flora des Elsass, (...) herausgab. Seit 1735 in La Ferrière* [Berner Jura, Kanton Bern] *practicierend, beschäftigte sich Gagnebin mit Meteorologie, Geologie und vorzugsweise mit Pflanzenkunde. Von Basel bis Genf, und vo La Chaux-de-Fonds bis Bern gab es keinen Naturforscher, beim dem er nicht zu lernen strebte, bis er selber lehren konnte. Forschend und sammelnd durchstreifte er unaufhörlich den Jura und die Alpen, die er bald wie kein zweiter kannte. Von 1739 bis 1772 arbeitete er für Albrecht Haller, und in den Jahre 1761, 1762 und 1763 bereiste er, gut bezahlt, im Auftrage des Lord Coventry* [um welchen Earl of Coventry es sich handelte, wird nicht berichtet] *die Schweiz. Man nannte ihn den unerschrockensten Nomenclator der Pflanzen, der jemals gelebt hatte..."*

Theodor Zwinger und Sohn Johann Rudolf Zwinger

F. B. von Lindern

Michael Soëtard macht in seiner Schrift „Jean-Jacques Rouseau. Leben und Werk“ (S. 97, Beck 2012) die Feststellung, dass Rousseau seine ersten Schritte auf dem Gebiet einer ihm vollkommen unbekannten Wissenschaft, der Botanik, in Gesellschaft von Antonie d'Ivernois, einem Arzt und Amateurbotaniker aus Neuenburg, und dem reichen Kaufmann Du Peyrou sowie vor allem dem Arzt Abraham Gagnebin, einem ausgezeichneten Botaniker, der Tausende von Pflanzen mit einem Blick voneinander zu unterscheiden wusste, gemacht habe. Von La Ferrière aus, wo Gagnebin gewohnt habe, hätten beiden lange Wanderungen über Berge und Täler, durch Schluchten und Sümpfe, stets auf der Suche nach neuen Pflanzen, unternommen.

Und Albert Jansen (1885) schrieb über diese Zeit:

„Die Pflanzen bildeten fast den ausschließlichen Gegenstand seiner Unterhaltung und Correspondenz. Er hätte gewünscht, sie im Grossen und im Zusammenhang mit den anderen Zweigen der Naturwissenschaft zu behandeln, und doch konnte er sich nicht verhehlen, dass schon die Botanik allein einem Graubarte von zwei und fünfzig Jahren viel zu schaffen machte. ‚Doch was liegt daran, schrieb er Herr von Malesherbes, ich will nicht wissen,

sondern lernen, und dies Studium, das meinem Wanderleben so angemessen ist, wird mir sehr freudenreich und sehr heilsam sein'. Der gebildete vornehme Mann verstand den Einsiedler von Motiers. Er erwiderte ihm, dass er selber sich allerdings schon frühzeitig den Pflanzen zugewendet hätte, und doch, kurzsichtig und kein geborener Beobachter, nie so weit fortgeschritten wäre, um Befriedigung seiner Eitelkeit zu finden..."

De MALESHERBES

Chrétien-Guillaume de Lamoignon **de Malesherbes** (1721-1794) war ein französischer Staatsmann, Minister und wirkte später auch als Verteidiger Ludwigs XVI. 1776 zog er sich aus der Politik, d.h. aus dem Kabinett, zurück und reiste durch die Schweiz, Deutschland und die Niederlande. Er wird als leidenschaftlicher Botaniker beschrieben, der bereits im Alter von 24 Jahren bei Bernard de Jussieu (1699-1777, Botaniker und Arzt, führte 1734 die Libanon-Zeder in Frankreich ein, ab 1754 Direktor der Académie des sciences in Paris) Botanik studiert hatte.

Der Herr vom Chateau Malesherbes (Department Loiret):
Chrétien-Guillaume der Lamoignon de Malerherbes

Im Winter 1764/65 beschäftigte sich Rousseau auch intensiv mit botanischer Literatur – vor allem mit Linnés *Systema naturae*, das er schon längere Zeit besaß.

Systema naturae – erstmals 1735 erschienen – bis 1758 in insgesamt 12 Auflagen

„Das systematische Studium nach der Weisen des grossen Schweden war für Rousseau das wahre Studium, die eigentliche Philosophie der Botanik. ‚Aber ehe man an dasselbe herantritt, meinte er, muss man eine grosse Anzahl von Pflanzen empirisch kennen gelernt haben'. ‚Nun lehrt Linné allerdings die Pflanzen, die man kennt, auf das Beste beobachten, aber er lehrt sie nicht kennen; sein System ist für den Meister, und es wäre eins für Schüler nothwendig'…"

1765 kam Rousseau auch in Kontakt mit dem jungen Arzt Frédéric-Samuel NEUHAUS in Neuchâtel (1733-1802; 1757 in Neuchâtel auch Stadtarzt). Neuhaus hatte von 1751 bis 1753 in Göttingen Medizin studiert und zum Dr.med. 1754 in Montpellier promoviert. A. Jansen berichtete, dass Neuhaus erst 1765 in persönlichen Kontakt mit Rousseau gekommen sei, ihm u.a. Linné als den besten Führer in der Pflanzenwelt und auch das Werk *Definitiones plantarum* von Ludwig empfohlen habe.

Christian Gottlob LUDWIG (1709-1773), war ab 1747 Prof. der Medizin in Leipzig, hatte mit Goethe in dessen Studienzeit in Leipzig (1765-1768) über botanischen Klassifikationen diskutiert und korrespondierte mit Linné. Sein Werk *Definitiones plantarum in usum auditorum* erschien 1737.

1765 musste Rousseau wegen der gegen ihn aufgewiegelten Dorfbevölkerung Zuflucht auf den bernischen *St. Petersinsel* im *Bielersee* suchen.

Und Soëtard teilt mit, dass Rousseau, als er sich der Petersinsel im Bieler See niedergelassen habe, beschloss, jeden Grashalm zu analysieren und durch unermüdliches Sammeln von Beobachtungen eine *Flora Petrinsularis* zusammenzustellen.

Die Zeit vor dem Aufenthalt auf der St. Petersinsel fasst Ruth Schneebeli-Graf (2003) wie folgt zusammen.
„der Neuenburger Arzt d'Ivernois verschrieb dem Verbannten ausgedehnte Spaziergänge, als Botaniker schlug er vor, dabei die Pflanzen zu studieren, war Rousseau sofort und mit Begeisterung aufgenommen hat."
Zu Rousseau's Begleitern auf den botanischen Exkursionen gehörten:

„... der Botaniker Gagnebin, <le parolier>, der Wörterspucker, der die lateinischen Phrasen auswenig hersagen konnte, der junge unbeschwerte d'Escherny als designierter <Proviantmeister>, der die Botanik in drei Tagen erlern hat!, Oberst du Pury als Kassier und Pfadfinder, und wenn's die Gichtschmerzen erlaubten, der großzügige Freund und Beschützer Rousseaus: Pierre Dupeyrou."

Pierre Alexandre du PEYRON (1729-1794) war Finanzmann, Freimaurer, stammte aus einer reichen Hugenottenfamilie und begegnete Rousseau 1762. Ab 1771 korrespondierten beide miteinander und er wirkte als Verleger von Rousseau's Gesamtausgabe (Genfer, dann Neuenburger Ausgabe).

Pierre Alexandre du Peyrou

Über Dupeyrou bzw. Du Peyrou schrieb A. Jansen ausführlich:
Dupeyrou sei in den *Holländischen Colonien* aufgewachsen, wo sein Vater Reichtum und Ansehen erlangt habe. Nach dessen Tod lebte er mit seiner Mutter in Neuchâtel und baute *„sich an dem aufsteigenden Ufern ein*

schönes Schloss... Die Gartenanlage, mit denen er dasselbe umgab, lagen ihm besonders am Herzen, und schon darum musste ihn die Pflanzenkunde anziehen. Aber er pflegte sie doch nur, weil sie ihn inniger mit Rousseau verband, der einmal geradezu gefordert hatte, dass die Botanik den ausschließlichen Gegenstand ihrer Unterhaltung und Correspondenz bildete. Auf der höchsten Stelle seines Parkes wollte Dupeyron eine Aegyptische Grabkapelle aufführen, in welcher er dereinst mit seinem berühmten Freunde zu ruhen gedachte. Hier nun sollte eine Ceder des Libanon, die er sich verschaffte, ihren Platz finden, und er bat Rousseau, dass er zu ihm käme und sie einpflanzte.

Libanonzeder – Ausschnitt einer Lehrtafel

Seines Garten wegen trat er in Verbindung mit Daubenton in Monbard, welcher fremde und seltene Gewächse cultivierte, und erwarb von ihm Sträucher und Bäume mancher Art. Er gedachte dabei auch der Studien, die er und Rousseau trieben, worauf dann Daubenton sowohl für sich als im Namen von Herrn und der Frau Buffon den Einsiedler von Motiers verehrungsvoll theilnehmend begrüssen liess..."

Louis Jean-Marie Daubenton

Georges-Louis Leclerc Buffon

Louis Jean-Marie DAUBENTON (eigentlich d'Aubenton 1716-1799) war ein französischer Arzt und Naturforscher. 1745 wurde er *garde-démonstrateur* am naturhistorischen Kabinett (*Cabinet du roi*), später *Muséum national d'histoire naturelle* in Paris. Er wirkte mit an Buffons Naturgeschichte. Zuletzt (ab 1795) war er Professor der Naturgeschichte an der 1794 gegründeten *École normale supérieure* zu Paris und Direktor des naturhistorischen Kabinetts.

Georges-Louis BUFFON (1707-1788) war ein französischer Naturforscher in der Zeit der Aufklärung, in Montbard geboren, und wurde 1739 zum Direktor der Königlichen Botanischen Gärten (*Jardin de Plantes*) in Paris ernannt. 1768 ließ er in den Nähe von Montbard die *Forges de Buffon*, die damals leistungsstärksten Hüttenwerke errichten.

Pierre-Aleandre DuPeyrou ließ sich ab 1764 vor den Toren der Neuenburger Altstadt ein Herrenhaus errichten; an den Planungen soll auch Rousseau beteiligt gewesen sein – heute Hôtel DuPeyrou.

Von ROUSSEAU genannte Pflanzen aus seinem Aufenthalt im Val de Travers

Aus seiner Notiz nach einer Exkursion mit dem Arzt NEUHAUS erfahren wir von folgenden Pflanzen, die Rousseau gesammelt bzw. benannt hat: **Ährige Rapunzel** bzw. Teufelskralle (*Phyteuma spicatum*) – **Langhaariges** (Kleines) **Habichtskraut** (*Hieracius pilosella*) – **Sumpf-Vergissmeinicht** (*Myosotis scorptiodes*)

Ährige Teufelskralle (A.Masclef: Atlas des plantes De France, 1891)

Kleines Habichtskraut

Sumpf-Vergissmeinnicht

(beide aus: W. Thomé, Flora von Deutschland..., 1885)

Die Gattung *Phyteuma* ist auf Europa beschränkt und kommt vor allem in Gebirgen oberhalb von 600 m vor. Der deutsche Name *Teufelskralle* bezieht sich auf die Form der Einzelblüten.

Das *Kleine Habichtskraut* kommt als Rosettenpflanze häufig auf Trockenrase, in lichten Wäldern und in Felsspalten vor.

Das *Sumpf-Vergissmeinnicht* kann in den Alpen in Höhen bis zu 2000 m vorkommen.

Gewöhnliches (Quellen-)**Hornkraut** (*Cerastium fontanum*) – **Gewöhnliche Kreuzblume** (*Polygala vulgaris*) – **Herzblättrige Kugelblume** (*Globularia cordifolia*)

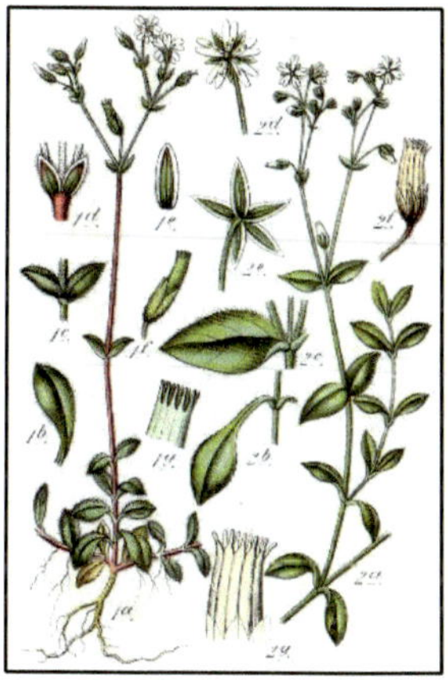

Gew. Hornkraut (Links) , Sturms Flora von Deutschland... 1900

Gew. Kreuzblume Billeder af nordens flora 1917

Herzbl. Kugelblume

Das *Gewöhnliche Hornkraut* kommt in den Alpen in Höhenlagen von 1400 m vor.

Die *Gewöhnliche Kreuzblume* ist in Europa weit verbreitet – möglicherweise kann Rousseau auch eine andere der zahlreichen Arten entdeckt haben.

Die *Herzblättrige Kugelblume* ist selten und kommt im Jura in Föhntälern vor.

Die Angaben von Rousseau sind jedoch nicht immer eindeutig.

Gewöhnlicher **Hufeisenklee** (*Hippocrepis comosa*) – **Strauchwicke** (Strauch-kronwicke: *Coronilla emerus* L.) – **Leberblümchen** (*Hepatica nobilis*)

Gew. Hufeisenklee
Thomé, Flora von Deutschland... 1885

Strauch(kron)wicke
(aus: Lindman, Bilder ur Nordens Flora, 1901/05

Leberblümchen
(aus: E. Step, Favourite Flowers, Paris 1896)

Der Gewöhnliche *Hufeisenklee* ist in Süd- und Mitteleuropa einschließlich der Alpen verbreitet.
Das Verbreitungsgebiet der *Strauchkronwicke* erstreckt sich vom nordöstlichen Spanien bis nach Nordeuropa und auch nach Kleinasien.
Der Verbreitungsschwerpunkt des *Lebeblümchens* liegt auf der Nordhalbkugel; in der Alpen ist es bis zu 1500 Höhe zu finden.

Exkursion auf den *Robaila* (La Robellar) (Waadtländer Jura) 1765
Diese Exkursion unternahm Roussseau ohne Begleitung aus dem Val-de-Travers auf den 1449 Meter hohen Berg . A. Jansen berichtete aus Aufzeichnungen von Rousseau [Bäume und Pflanzen hier kursiv gekennzeichnet]:
„Ich verlor, erzählte er zwölf Jahre später, in die gewundenen Schluchten des Gebirges, und aufsteigend von Wald zu Wald, von Fels zu Fels gelangte ich an ein so verborgenes Asyl, dass ich etwas Wilderes niemals mit meinen Augen erblickt hatte. *Schwarztannen*, untermischt mit ungeheuren *Buchen*, von denen mehrere, vor Alter zusammengebrochen, über- und ineinander

verschlungen dalagen, umschlossen das Versteck mit undurchdinglichen Schranken; nur da und dort war in der düstern Umhagung eine Lücke, und durch diese gewahrte man nichts als senkrechte Felsen und schauerliche Abstürze. Wollte ich in sie hinabschauen, so musste ich mich flach auf die Erde hinstrecken. Adler, Eulen und Käuze liessen in den Bergspalten ihr Geschrei ertönen; nur einige kleine, ungewöhnliche, aber zutrauliche Vögel milderten das Grausen dieser Oede. Hier fand ich *Dentaria polphylla* [Vielblättriges Zahnkraut] (die von allen Waldpflanzen der Coniferen-Region das grösste Interesse beansprucht)*); hier fand ich *Cyclamen* [Alpenveilchen], *Nidus avis* [Vogel-Nestwurz], das grosse *Laserpitium* [Breitblättriges Laserkraut] und andere Pflanzen mehr, die mich lange ergetzten und beschäftigten. Aber von dem mächtigen Eindrucke der Gegenstände unvermerkt überwältigt, vergass ich die Pflanzen und ihre Wissenschaft ich setzte mich auf die Kissen von *Lycopodium* [Bärlappe, auch Schlangenmoss] und *Moos* und begann nach Herzenslust zu träumen...
*) H. Christ, Das Pflanzenleben des Schweiz, 221"

Wer im Oktober 2024 nach Informationen zum *Robeila* bzw. *La Robellaz* sucht, da erfährt, dass es sich um ein Ausflugsziel *Robella Val-de-Travers* handelt, mit einer Sesselbahn und zahlreichen Hotels, Restaurants und Wanderwegen.

Mit *Schwarztanne* wird die Gemeine Fichte (*Picea abies*) bezeichnet.
Das *Vielblättrige Zahnkraut* (botan. heute *Cardamine kitaibelii* – aus der Gattung der Schaumkräuter (*Cardamine*) kommt vor allem in der Schweiz, auch auf dem Balkan und in Italien vor.

Das *Alpenveilchen* (im Bild: das *Europäische Alpenveilchen*: *Cyclamen purpurascens*, Synonym: *C. europaeum*) auch *Wildes Alpenveilchen* kommt von den Südalpen, Ostalpen bis zum Balkan vor.

Vogel-Nestwurz gehört zur Familie der Orchideen. Sein Name geht auf den vogelnestartigen Wurzelstock zurück. Die Pflanze ist selten, jedoch in ganz Europa heimisch und gedeiht am besten in schattigen Buchen- und Laubmischwäldern.

Fichte (Thomé, Flora von Deutschland..., 1885

Vielblättrige Zahnwurz Blüten (wikipedia)

Europäisches Alpenveilchen (Thomé, Flora)

Laserkräuter sind eine Pflanzengattung innerhalb der Familie der Doldenblütler – mit zahlreichen Arten. Abgebildet ist das *Rauhaar-Laserkraut* mit den Unterart *Laserpitium hallerei*, das in den Alpen u.a. der Schweiz wächst. Das *Schlangenmoss* (*Lycopodium* – hier abgebildet Keulen-Bärlapp: *L. clavatum*) kommt in dieser Art in Mitteleuropa vor.

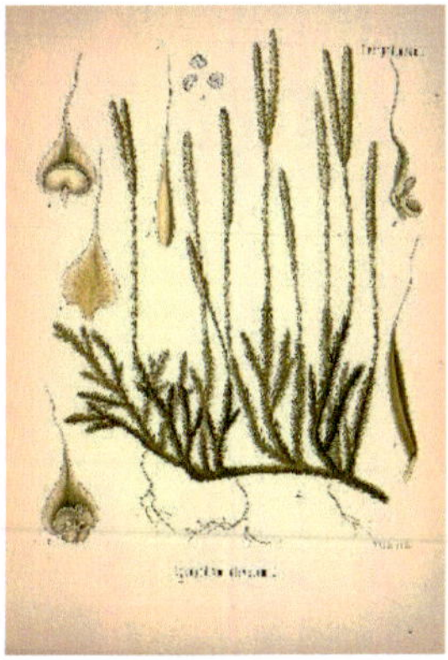

Vogel-Nestwurz (aus: Album des orchidées de l'Europe centrale 1899)

Rauhaar-Laserkraut (Atlas der Alpenflora 1882)

Keulen-Bärlapp (Köhler's Medizinalpflanzen 1887)

Auf der St. Petersinsel im Bielersee

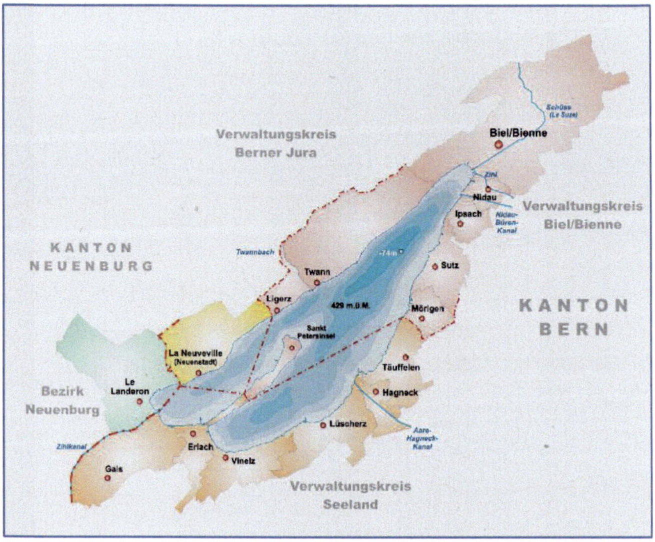

Die St. Petersinsel ist die einzige Insel im Bielersee im bernischen Seeland der Schweiz. Seit der zweiten Hälfte des 19. Jahrhunderts ist sie über eine flache Landzunge mit dem Festland (Gemeinde Erlach) verbunden.
In der Geschichte der Insel ist im Beitrag zu Wikipedia vermerkt:

„1765 weilte der weltbekannte Philosoph Jean-Jacques Rousseau während sechs Wochen auf der St. Petersinsel, bis er von der Berner Regierung ausgewiesen wurde. Ein Denkmal erinnert an ihn und im Klosterhotel kann sein Zimmer besichtigt werden. In den *Bekenntnissen* und in den *Träumereien* verklärte Rousseau später die Erinnerung an seinen Aufenthalt auf der St. Petersinsel."

‚Schon mehrfach habe ich an bezaubernden Orten gewohnt, aber keinem verdanke ich so wahrhaft glückliche Stunden und keinem trauere ich so innig nach wie der Petersinsel im Bieler See. […] Ich halte diese zwei

Monate für meine glücklichste Zeit – so glücklich, dass es für mein ganzes Erdenleben gereicht hätte, ohne dass in mir je der Wunsch aufgekommen wäre, anders zu leben."

[Träumereien eines einsamen Spaziergängers, Reclam, Stuttgart 2003, S. 82f]

Auch Johann Wolfgang von Goethe soll die Insel besucht haben. Und auf der heutigen Halbinsel steht nur ein Gebäudekomplex aus Restaurant, Klosterhotel und dem von Inselbauern bewirtschaftetem Gutshof.

Rousseau selbst schrieb in seiner Autobiographie „Bekenntnisse" (2. Teil):

„Mein Plan war, mich auf der St. Petersinsel, welche mitten im Bielersee liegt und dem Berner Hospital gehört, niederzulassen. Bei einer Wanderschaft, welche ich mit du Peyron vorigen Sommer unternommen hatte, hatten wir diese Insel zusammen besucht, und ich war so von ihr bezaubert worden, daß ich seither immer auf Mittel dachte, meine Hütte dort aufzuschlagen. (...)"

Rousseau beschreibt die Insel wie folgt:

„Die St. Petersinsel – in Neuschatel nennt man sie die Insel de la Motte – in der Mitte des Bielersees hat ungefähr eine halbe Meile im Umfang; aber auf diesem kleinen Raum liefert sie alle hauptsächlichen Lebensbedürfnisse. Sie hat Ackerfelder, Wiesen, Haine, Wald, Weinberge, und da das Ganze aus einem sehr abwechselnden bergigen Boden besteht, so fällt seine Verteilung in so verschiedenartige Partien um so angenehmer ins Auge, als ein Stück das andere gegenseitig hebt und die Insel größer scheinen macht, als sie eigentlich ist. Auf der westlichen Seite gegen Gleresse und Neuveville erhebt sich eine hohe Terrasse, die mit einer langen Allee bepflanzt ist. Die letztere ist in ihrer Mitte von einem großen Baumsaal unterbrochen, in welchem während der Weinlese die Bewohner aller nahe gelegenen Ufer jeden Sonntag zum Tanz und gemeinschaftlicher Ergötzung sich versammeln. Auf der Insel selbst ist nur eine einziges sehr großes und bequemes Haus, das der Verwalter bewohnt und das in einer Vertiefung liegt, wo es vor den Winden geschützt ist. Die Gestalt des Sees ist fast ein unregelmäßiges Oval. Seine Ufer sind zwar weniger reich als die des Genfer und Neuenburger Sees, aber sie fallen doch noch schön genug ins Auge, besonders auf der westlichen Seite, welche sehr bevölkert und am Fuße einer Bergkette von Weinbergen eingefaßt ist."

Und auch zur Botanik lesen wir im Zusammenhang mit diesem Insel-Aufenthalt Folgendes:

„Die Botanik, so wie ich wenigstens sie immer betrachtet habe und wie sie nachgerade anfing, für mich zur Leidenschaft zu werden, war gerade so ein müßiges Studium, wie ich eines brauchte, um meine leeren Stunden auszufüllen und so auszufüllen, daß weder der Aberwitz meiner Einbildungskraft noch die Langeweile einer gänzlichen Untätigkeit daneben aufkommen konnte. Herumirren in Wald und Feld, gedankenlos bald nach diesem, bald nach jenem greifen, bald einen Zweig, bald eine Blume brechen, meinen Geist mit allem nähren, was der Zufall mir darbot, tausend und abertausendmal die nämlichen Dinge beobachten, weil ich sie immer wieder vergaß – das war für mich Stoff genug, um eine Ewigkeit ohne einen Augenblick Langeweile zu verleben.

Wie zierlich, wie bewunderungswürdig der Bau der Pflanzen auch immer sein mag, so ist er doch nicht auffallend genug, um den zu interessieren, der sie mit unwissenden Augen anblickt. Jene durchgehends verbreitete Analogie und doch zugleich jene ungeheure Abwechslung in ihrer Organisation kann nur die Bewunderung derjenigen erregen, welche schon einen Begriff vom System des Gewächsreichs haben. Alle anderen verfallen beim Anblick dieser Schätze der Natur in ein dumpfes einsilbiges Staunen. Sie sehen nicht das Einzelne, weil sie überall nicht wissen, auf was sie sehen sollen, und ebensowenig das Ganze, weil sie keine Ahnung haben von der Kette der Beziehungen und Verbindungen, welche den Geist des Beobachters mit ihren Wundern fesselt. Ich war, und gedankt sei es meinem schwachen Gedächtnis, blieb auch immer auf dem glücklichen Punkte, daß ich gerade wenig wußte, um alles neu zu finden, und viel genug, um alles ganz zu empfinden. Der verschiedenartige Boden, aus welchem die kleine Insel bestand, bot mir eine hinlängliche Abwechslung von Pflanzen dar, hinlänglich für das Studium und für die Erheiterung meines übrigen Lebens. Ich war entschlossen, keinen Staubfaden unzergliedert zu lassen und schickte mich schon dazu an, mit einem unermeßlichen Vorrat von Beobachtungen eine *Flora Petrinsularis* zu schreiben. (...)"

Sucht man im Internet nach Informationen zur *Flora Petrinsularis*, so stößt man auf einen Bericht des Schriftstellers und Literaturwissenschaftlers W.G. „Max" SEBALD (1944-2001) über seinen Aufenthalt im *Rousseau-Zimmer* auf der St. Petersinsel (https://www.wgsebald.de/peter/peter.html):
„St. Petersinsel. *Logis in einem Landhaus S. 43ff*
Jedenfalls haben sich in den paar Tagen, die ich auf der Insel verbrachte und während derer ich mehrere Stunden im Fenster des Rousseauzimmers gesessen bin, nur zwei Ausflügler, die zum Spazierengehen und Brotzeitmachen auf die Insel herübergekommen, in die spärlich bloß mit einem Kanapee, einem Bett, einem Tisch und einem Stuhl möblierte Kammer verirrt, und auch diese beiden sind, offenbar enttäuscht von dem wenigen, das es da zu sehen gab, gleich wieder gegangen.
Keiner von ihnen hat sich über die Glasvitrine gebeugt, um die Schriftzüge Rousseaus zu entziffern, keiner hat bemerkt, daß die bleichen, bis zu zwei Fuß breiten Fichtenbretter des Bodens gegen die Mitte des Zimmers so abgetreten sind, daß sie eine flache Kuhle bilden, und daß die Stellen um die harten Äste herum beinahe einen Zoll herausstehen aus dem übrigen Holz. Keiner ließ seine Hand über den glatt geschliffenen Spülstein im Vorraum gleiten, nahm den rußigen Geruch wahr, der immer noch um die Feuerstelle hängt, und keiner warf einen Blick aus dem Fenster, von dem aus man über den Obstgarten und eine Wiese auf das Südufer hinuntersieht.

Mit aber war es in dem Rousseauzimmer, als sei ich zurückversetzt in die vergangene Zeit, eine Illusion, auf die ich umso leichter mich einlassen konnte, als auf der Insel dieselbe, von keinem noch so fernen Motorgeräusch gestörte Stille herrschte wie überall auf der Welt vor hundert oder zweihundert Jahren. Besonders gegen Abend, wenn die Tagesausflügler wieder heimgekehrt waren, tauchte die Insel ein in eine Ruhe, wie es sie sonst im Umkreis unserer Zivilisation fast nirgends mehr gibt, und in der nichts mehr sich rührte außer vielleicht die Blätter der mächtigen Pappeln in den Brisen, die manchmal entlangstrichen am See.
Immer heller wurden die mit feinen Kalkschotter befestigten Wege, als ich in der zunehmenden Dämmerung auf ihnen dahinging, vorbei an umzäunten Weiden, an einem blassen, reglosen Haberfeld, an einem Weinberg und einem Winzerhäuschen bis hinauf zu den Böschungen am Rand des schon nachtschwarzen Buchenwalds, von wo aus ich die Lichter angehen sah, eines ums andere am jenseitigen Ufer.
(...)"
Und abschließend lesen wir über den Besuch bei Sebald:
„Manche dieser Besucher haben mit dem Federmesser ihre Namen oder Initialen und das Datum ihres Besuchs in die Türpfosten und in die Sitzbank in der Fensternische des Rousseauzimmers geschnitten, und gerne möchte man, wenn man mit dem Finger die Kerben im Holz nachfährt, wissen, wer sie gewesen und wohin sie gegangen sind."
Auf der genannten Internetseite (eingesehen 11.10.2024) sind zahlreiche Fotos vom Rousseauzimmer und auch der Insel enthalten – und abschließend ein Text zur *Flora Petrinsulars* mit dem Bild einer Herbarseite:

Arthur Lubow interviewte Max SEBALD noch kurz vor seinem Tod für die *New York Times* und auf die Frage, „ob es jemals irgendeinen Ort gab, an dem er sich zu Hause gefühlt habe, ist die Antwort darauf auf derselben Internetseite zum Bieler See, dem Zufluchtsort von Rousseau 1765 zitiert:

„Ich fühlte mich zu Hause, seltsamerweise, weil es eine Miniaturwelt ist", sagte er.

„Ein Gutshof, en Bauernhaus. Ein Weinberg, ein Kartoffelfeld, ein Weizenfeld, ein Kirschbaum, ein Obstgarten. Es hatte von jedem etwas, es ist gewissermaßen eine Arche. Dieser Begriff von etwas Kleinem und Eigenständigem in sich Geschlossenem ist für mich ästhetisches und moralisches Idealbild."

Winfried Georg „Max" Sebald starb am 14. Dezember 2001 in Norfolk (England).

Über seinen Aufenthalt auf der Insel ist von Rousseau weiterhin zu lesen:

„Nach dem Frühstück schrieb ich in der Eile und murrend einige verhaßte Briefe und sehnte mich heftig nach der Zeit, wo ich gar nichts mehr zu schreiben haben würde. Einige Augenblicke stöberte ich unter meinen Büchern und Papieren, mehr um sie auszupacken und in Ordnung zu stellen als um etwas zu lesen. So ordnete ich den täglich, und meine Bibliothek ward für mich, was für Penelope ihr Gewerbe; dabei hatte ich die Bequemlichkeit soviel ich wollte, müßig zu gaffen, danach bekam ich Langeweile und ließ die drei oder vier übrigen Morgenstunden vollends alles stehen. Hingegen widmete ich diese Zeit dem Studium der Botanik und besonders des Linnéschen Systems, für das ich eine wahre Leidenschaft gefaßt hatte, welche auch dann mich nicht verließ, als ich das Leere desselben entdeckt hatte. Linné, dieser große Beobachter, ist nach meiner Meinung nächst Ludwig der einzige Botaniker, welcher die Pflanzenkunde als Naturforscher und als Philosoph behandelt hat, aber er hat zu viel in Kräuterbüchern und Gärten und zu wenig in der Natur selbst studiert. Ich sah die ganze Insel als meinen Garten an; wenn ich dann eine Beobachtung zu machen oder zu bestätigen brauchte, so lief ich, mein Buch unterm Arm, in den Wald oder auf die Wiesen. Dort legte ich mich neben die Pflanze auf den Boden hin, um auf der Stelle nach Bequemlichkeit untersuchen zu können. Diese

Methode war mir zur Kenntnis der Pflanzen in ihrem natürlichen Zustand, wie sie unverändert von der Hand des Menschen und unausgeartet wachsen, von großem Nutzen."

Rousseau unternahm auch Ausflüge mit dem Ruderboot – zusammen mit seinem Hund, worüber er in einem folgenden Absatz berichtete:

„Meinem armen Hunde zu Gefallen, der nicht gerne so lange als ich auf dem Wasser sein mochte, setze ich gewöhnlich meinen Spazierfahrten ein gewisses Ziel. Dies war eine kleine unbewohnte Insel, nicht weit von der größeren, auf welcher ich dann mich ausschiffte, ein paar Stunden spazieren ging oder auf der Spitze des Hügels mich in den Rasen streckte, um an dem Vergnügen, das die Bewunderung des Sees und der umliegenden Gegend mit gewährte, mich zu berauschen, um alle mir in dieser Lage erreichbaren Pflanzen zu untersuchen und zu zergliedern und wie ein zweiter Robinson mit in Gedanken hier eine Wohnung auf dieser Insel zu bauen. (...)"

Die Insel St. Peter im Bieler See (Guoache)

Rousseau im Boot mit Hund auf dem Bieler See (Lithographie)
(Von Johann Joseph Hartmann 1753-1830)

Von der Schweizer Redakotrin Marita Fuchs erfahren wir aus der Ankündigung eines ihrer Vorträge („Zurück zur Natur" 20.6.2012) unter der Überschrift „Botanische Männergesellschaft im Drei-Seen-Gebiet" (Bielersee, Neuenburgersee, Murtensee), dass diese botanisierende Männergesellschaft aus Rousseau, d'Ivernois, Gagnebin, Abraham de Pury (ehem. Oberst), Pierre-Alexandre du Peyron und Graf Francois Louis Escherny bestand. Jeder habe seine Aufgabe gehabt – vom Tragen des Pflanzen und eines Kompasses bis zur Sammlung von Feuerholz und zum Kaffeekochen.

Abraham de Pury (Ausschnitt eines Gemäldes)

Abrahame de PURY (Neuenburg 1724-1807 Neuenburg) war als Offizier in sardinischen Diensten und ab 1748 als Oberst Kommandant der Milizen des Val-de-Travers, 1765 Neuenburger Staatsrat. Er empfing Rousseau auf seinem Landsitz in Monlési (Boveresse – Monlési: bekannt durch seine Eishöhle). 1759 war er auch Gründungsmitglied der Société du Jardin. (Historisches Lexikon der Schweiz)

Francois Louis Graf d'ESCHERNY (Lyon 1733-1815 Paris) war Sohn des Kaufmanns und Konsuls des polnischen Königs in Lyon. Nach längeren Reisen in Italien und Frankreich ließ er sich 1763 in Môtiers nieder und trat dort in Kontakt zu Rousseau. Im „Historischen Lexikon der Schweiz" wird berichtet, dass er zusammen mit Rousseau von Mai 1764 bis September 1765 botanischen Studien unternommen und auch komponiert hätten. 1770 wurde er ehrenhalber zum Neuenburger Staatsrat ernannt, 1780 bis 1787 unternahm er Reisen nach Berlin, Wien, Warschau und St. Petersburg. Im genannten Lexikon heißt es, dass über sein Leben nur seine „egozentrischfabulierenden Werke Auskunft" geben würden. (Fréderic Eigeldinger – Version vom 22.09.2011 – eingesehen am 11.10.2024)

Albert Jansen berichtete, dass d'Escherny, *ein junger Mann, der für vielerlei Talent und für alles Mögliche Eifer hatte,* mit Rousseau *zu Fusse über La Tourne* [Pass im Kanton Neuenburg über die erste Jurakette] *und Le Locle* [Gemeinde im Kanton Neuenburg- s. Bild weiter unten] *nach dem wildromantischen Felsenbassin des oberen Doubs* [Fluss mit mächtiger Karstquelle] *und von da über Chaux-de-Fonds* [Stadt im Kanton Neuenburg] *zurück nach Motiers*.

Die Einzelheiten über diese Exkursion von d'Escherny seien, da aus dem Gedächtnis und erst später aufgeschrieben, seien – so A. Jansen – jedoch sehr fehlerhaft.

Le Locle – Scherenschnitt auf einer Postkarte um 1900

Die Petersinsel in den *Träumereien eines einsamen Spaziergängers*

In den „Träumereien eines einsamen Spaziergängers“ schrieb Rousseau auf seinem fünften Spaziergang ebenfalls ausführlich über diese Insel und seinen Aufenthalt.

Weinlese auf der St. Petersinsel (Ch. Rein 1817)

Im genannten Kapitel berichtete Rousseau über seinen Plan, eine *Flora petrinsularis* „zu erstellen und sämtliche Pflanzen der Insel zu beschreiben, ohne eine einzige auszulassen, und mit einem Aufwand an Detailgenauigkeit, der mich wohl für den Rest meiner Tage beschäftigen würde. Ein Deutscher hat, so hörte ich, ein ganzes Buch über die Zitronenschale verfasst; ich hätte über jedes Waldmoos, jedes Flechte auf den Felsen; ja, noch das kleinste Grashälmchen, noch das winzigste Stäubchen des Pflanzenreichs sollte ausführliche Beschreibung erfahren. Bald schon begann ich mit der Verwirklichung des schönen Plans. Jeden Morgen nach dem gemeinsamen Frühstück [mit der Gefährtin Thérèse Lavasseur (1721-1801), später Rousseaus Ehefrau] besuchte ich – die Lupe in der Hand und meine Exemplar der *Systema naturae* unterm Arm – ein vorab festgelegtes Revier der Insel, die ich zu diesem Zweck in kleine Quadrate eingeteilt hatte, die ich nun eines nach dem anderen von Jahreszeit zu Jahreszeit durchforschen wollte. Wie sonderbar entzückt und begeistert war ich nicht, wenn meine Beobachtungen mir zu neuen Einsichten in den Bau und die Organisation der Pflanzen verhalfen. Völlig unvertraut war mir etwa das Zusammenspiel der Geschlechtsteile bei der Befruchtung. Die Unterscheidung der männlichen und weiblichen Organe, von der ich bis dahin keinen Begriff hatte, faszinierte mich bereits, wenn ich sie übungshalber zunächst an den gemeinen Arten vornahm; später würde ich sie auch an selteneren versuchen. Dass die langen Staubfäden der Braunelle gegabelt sind, die der Brennnessel und des Glaskrauts hingegen elastisch gekrümmt, dass die Frucht des Springkrauts und die Kapsel des Buchsbaums ihren Samen durch Aufplatzen freisetzen; die ganzen abertausend Spielarten der Befruchtung gewahrte ich erst jetzt. Meine Entdeckerfreude war so gewaltig, dass ich herumlief und alle Leute fragte, ob sie schon einmal die Hörner der Braunelle gesehen hätten - ..."

Tafel 30.

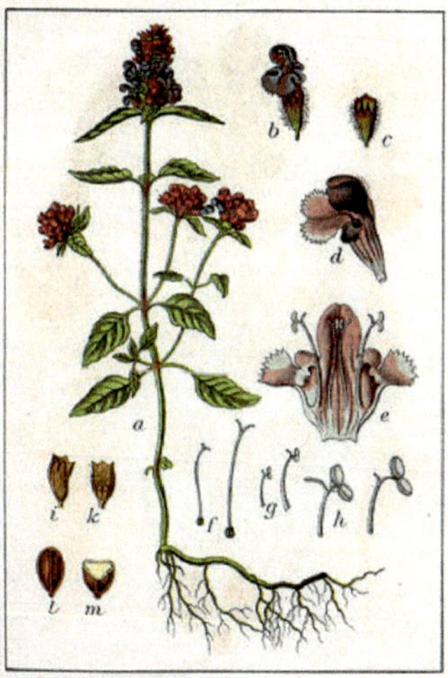

Gemeine Braunelle, Brunella vulgaris.

Aus: J. Sturm (1797-1862), Flora, Nürnberg: *„Fig. a. Die ganze Pflanze. b. Eine Blume. c. Die Blumenkrone. d. Dieselbige durch die Unterlippe aufgeschnitten. e. Der Kelch. f. Der Stempel. g. Eins der kürzern Staubgefäße. Und h. eins der längeren. i. Der geschlossene, die reifen Saamen enthaltende Kelch. k. Derselbige durchschnitten, daß man die 4 Saamen liegen sieht. l. Ein einzelner, und m. ein durchschnittener Saamen."*

Große Brennnessel (*Urtica diocia* L.)

Aufrechtes Glaskraut (*Parietaria officinalis* L.)

Echtes (Großes) Springkraut (*Impatiens noli-tangere* L.)

Immergrüner Buchsbaum (*Buxus sempervirens* L.)

1766 Botanische Studien in England

Rousseau musste am 25. Oktober 1765 die St. Petersinseln und auch den Kanton Bern verlassen. Über Strasbourg (Straßburg) im Elsaß und einem Aufenthalt in Paris ab 15. Dezember floh er am 4. Januar 1766 auf eine Einladung von David HUME (1711-1776, Philosoph und Ökonom) nach England.

David Hume - Lithographie

Über den kurzen Aufenthalt in Straßburg berichtete A. JANSEN, dass Rousseau auf seinem Zimmer im Gasthof die Geschichte der botanischen Wissenschaft studiert habe, beim Buchhändler König habe er *werthvolle Materialien gefunden und gekauft: es waren Matthiolus (Mattioli), Commentare zu Dioskorides in der schönen Ausgabe von 1562 mit den vortrefflichen Holzschnitten; dann Valerius Cordus hinterlassene Werke, die Conrad Gesner 1561 in Strassburg herausgegeben hatte, und die für eine grosse Seltenheit galten; ferner Kaspar Bauhin's „Pinax" von 1624 und endlich Michelis (Pietro-Antonio Micheli) „Nova plantarum genera", Florentiae 1729.*

Im Folgenden sollen diese Werke und deren Autoren näher beschrieben werden.

P. A. Matthiolus Valerius Cordus Caspar Bauhin

Pietro Andreas MATTHIOLI (1501-1578) war ein italienischer Arzt und Botaniker. Er gilt als ein Vertreter des volkssprachlichen Renaissance-Humanismus. Bekannt wurde er u.a. durch seine Übersetzung und Kommentare der *Materia medica* des griechischen Arztes Dioskurides (lebte im 1. Jh. n. Chr.). 1563 gab er auch ein *New Kreuterbuch* heraus (zunächst in Latein, dann durch Georg Handsch auch in deutscher Sprache).

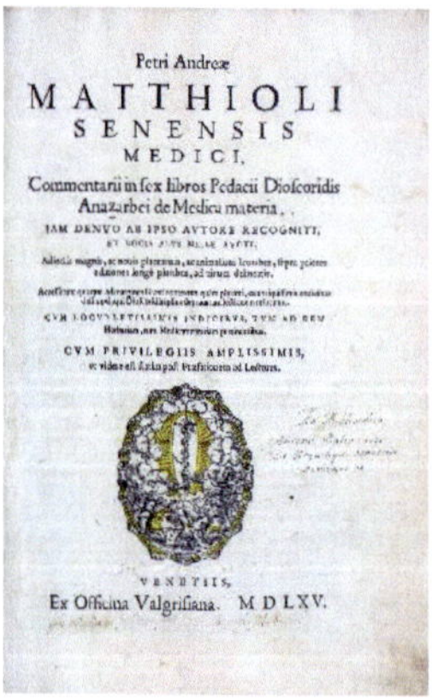
Petri Andreæ
MATTHIOLI
SENENSIS
MEDICI,
Commentarii in sex libros Pedacii Dioscoridis
Anazarbei de Medica materia,
IAM DENVO AB IPSO AVTORE RECOGNITI,
CVM PRIVILEGIIS AMPLISSIMIS,
VENETIIS,
Ex Officina Valgrisiana. M D LXV.

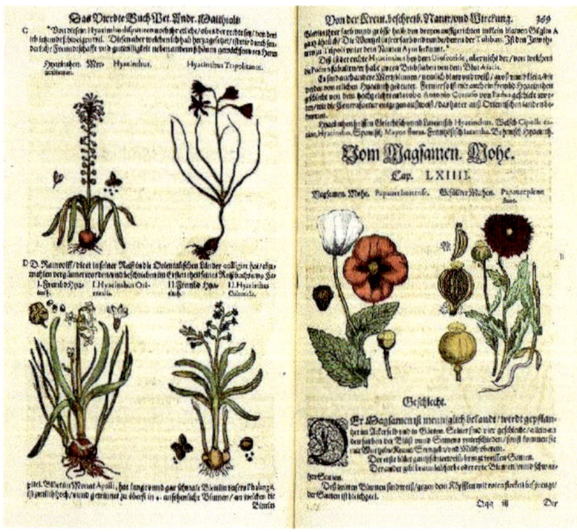

Ausgabe der Kommentare (1565)

Zwei Seiten aus dem *Kreutterbuch* (Ausgabe 1590)

Valerius CORDUS (1515-1544) war Botaniker, Arzt und Pharmakologe. Er wird als *humanistischer Naturforscher* bezeichnet. Auch er befasste sich mit den Werken des DIOSCURIDES, lehrte als Professor an der Universität Wittenberg und führt auch botanische Exkursionen durch.

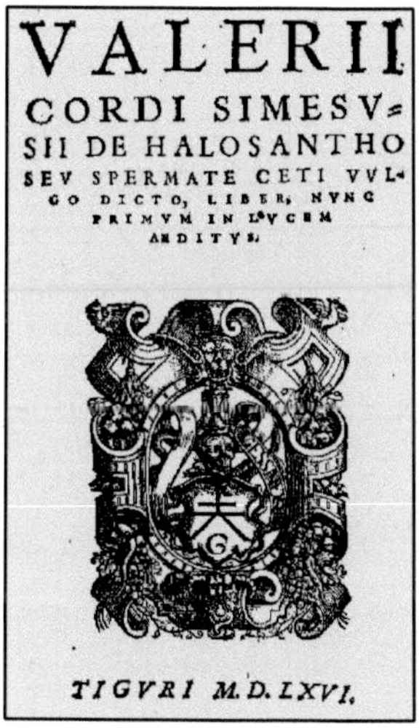
VALERII
CORDI SIMESV-
SII DE HALOSANTHO
SEV SPERMATE CETI VVL-
GO DICTO, LIBER, NVNC
PRIMVM IN LVCEM
AEDITVS.

TIGVRI M.D.LXVI.

Titel eines Werkes von Valerius CORDUS – in einer Ausgabe von GESNER (Zürich 1566)

Conrad GESNER (Stich von Conrad Meyer 1562)

Conrad GESNER (1516-1565) war ein Schweizer Arzt, Naturforscher, Humanist und Polyhistor. Er gilt auch als ein Mitbegründer der modernen wissenschaftlichen Botanik.

Caspar BAUHIN (1560-1624) war ein Mediziner, der auch zahlreiche Schriften zur Botanik verfasste. Er wurde erster ordentlicher Professor für Anatomie und Botanik an der Universität Basel ab 1589 und richtete dort den Botanischen Garten ein. In Basel erschien 1623 sein Werk *Pinax theatri botanici*.

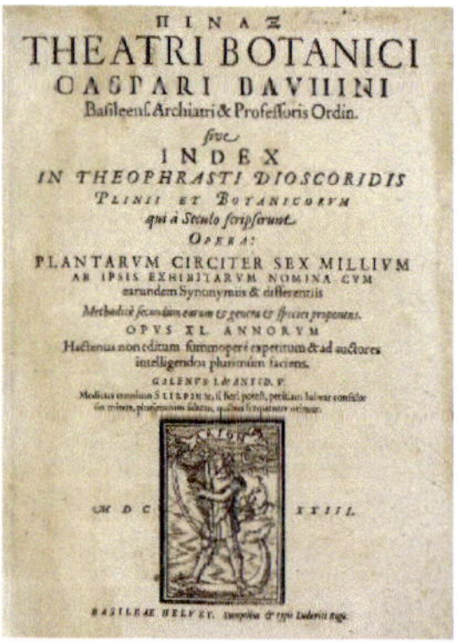

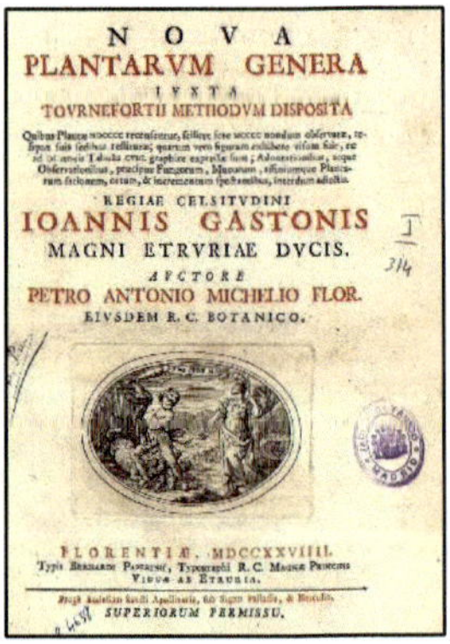

C. Bauhin: *Pinax Theatri Botanici* (Ausgabe Basel 1623)

P. A. Micheli und sein Werk *Nova plantarum genera* (Ausgabe 1729)

Pier Antonio MICHELI (1679-1737) war ein italienischer Botaniker. Er war als Gärtner im Botanischen Garten von Florenz tätig. 1729 veröffentlichte er sein Werk *Nova plantarum genera* in Florenz. Micheli beschreibt darin etwa 1900 Pflanzenarten, davon 1400 erstmals, darunter u.a. 900 Pilzarten. Das umfangreiche Werk konnte nur mit großzügigen Spenden erscheinen und genoss in der Fachwelt hohe Anerkennung. Dem Buch sind 108 Kupfertafeln angefügt.

Stationen in England

Für eine kurze Zeit, in der er auch botanische Studien betrieb, ließ sich Rousseau in *Wootton Hall* in der Nähe von Ellastone (Staffordshire) nieder, einem Haus von Richard Davenport. Das Haus wurde 1931 abgerissen.

Über den Ort Ellastone und seine Umgebung ist Folgendes zu berichten: Ellastone ist ein Ort in den *West Midlands* in *Stafforshire* am Fluss Dover. Benachbarte Orte sind Norbury in Derbyshire und Uttotexter und Ashbourne. Auf der Wikipedia-Seite des Ortes wird auch angegeben, dass *Wootton Hall* um 1730 erbaut worden sei, Rousseau sich dort aufgehalten habe, und dass dieser Ort als *Wotton under Weaver* bekannt geworden sei.

Darüber ist von A. Jansen u.a. zu lesen:
„Wotton liegt am Fusse des Weaverberges. Oberhalb des Ortes, auf steiler Böschung, steht Wotton-Hall, das Haus des Herrn Davenport, welches zum Theil für Rousseau eingerichtet war. Schlicht und einfach gebaut, hatte es etwas puritanisch Strenges und Herbes. Gleich hinter ihm, nach Norden zu, erhebt sich der bewaldete Weaver. Sein Gipfel gewährt eine weite prächtige Aussicht. Südwärts dehnt sich die Ebene aus, in welcher Uttoxeder [Uttotexter – s.o.]m Cheadle, Ashbourne, Alton-Abbey und zahlreiche andere Ortschaften deutlich erkannt werden, Nordwärts aber schaut das Auge hinein und hinauf zu den blauen, nebelumspülten Massen des Peak-Gebirges. Bei Roussau's Ankunft in Wotton lag die Landschaft noch unter dem Schnee. (...) Noch im Mai standen die Bäume unbelaubt. Der Frühling erschien ohne die Boten, die ihn jubelnd verkündigen..."
Einige Abschnitte weiter in diesem Kapitel, dass auch die Überschrift *Zuflucht zur Botanik* trägt, ist über die Unterkunft zu lesen:

„Das einsam und hochgelegene Gebäude Wootton-Hall hatte etwas Wildes, das seinem Besitzer widerstrebte und auf Rousseau einen besonderen Reiz ausübte. Es war mittelgross und sehr sauber gehalten, bestand aus einem Erdgeschosse und Obergeschosses und hatte in der Mitte der Fasçade einen erkerartigen Vorbau. Der Flüchtling und seine Lebensgefährtin wohnten eine Treppe hoch, wo ein paar Zimmer und ein Vorsaal mit Oberlicht ausreichten. Sie assen gut Englisch, d.h. einfach und gesund; Fleisch und Milch fanden sie ausgezeichnet, aber das Gemüse von wenig, und das Wildpret von gar keinem Geschmacke, weil das Land feucht und kalt wäre. Vor dem Hause lag eine grosse Terrassem an die sich links die Wirthschaftsgebäude mit dem Gemüsegarten, und rechts Boskets mit einem Springbrunnen anschlossen. Von hier aus ah man auf eine herrliche Landschaft auf Wiesen und Waldungen, zerstreute Bauernhöfe und stattliche Herrensitze, bis am fernen Horizonte das fruchtbare Gefilde amphitheatralisch von Hügeln umrahmt wurde. Dicht unter Wootton-Hall senkten sich schöne Rasenflächen hinunter in das Thal, das zugleich als Jagdgehege und

Weideland diente, und das ein Bach in Schlangenwindungen hörbar durchrauschte. Felsen und Bäumen zierten sein Ufer, und das Laubwerk war so dicht, dass Rousseau selbst bei Regenwetter, ‚mit den Hammeln und Kaninchen' wohlgeschützt dort Kräuter sammeln konnte..."
Zur Botanik erfahren wir auch Details – u.a.: Es habe Rousseau mit Stolz und Freude erfüllt, als er fern von den Gärten und Wohnungen Wooton's in wilden Schluchten den *Aniskerbel* (Scandix odorata) gefunden hätte, von RAY in seiner ‚Synopsis' gar nicht erwähnt habe und den andere Botaniker ausschließlich den Alpen zuwiesen.

Süßdolde – wohlriechender Myrrhenkerbel (aus: Thomé, Flora von Deutschland 1885)

Ilustration aus *Bilder ur Nordens Flora* (C.A.M. Lindman, 1856-1928)

Mit Aniskerbel ist offensichtlich die *Süßdolde* (*Myrhis odorata*) gemeint, die von Linné erstmals 1753 als *Scandix odorata* beschrieb. Sie wird auch *Echte Süßdolde, Myrrhenkerbel* und *Süß-* oder *Aniskerbel* genannt. Sie kommt ursprünglich in den Alpen bis auf die westliche Balkaninsel vor. In Nord- und Osteuropa ist sie oft verwildert ein gebürgert. In Höhenlagen wächst sie bis zu 1900 m. Der neue botanische Name *Myrrhis odorata*(L.) SCOP. mit der

Zuordnung zur Gattung *Myrrhis* erfolgte 1771 durch den tirolisch-habsburgischen , italienische Arzt, Naturforscher und Botaniker Giovanni Antonio SCOPOLI (1723-1788):

Kupferstich um 1768

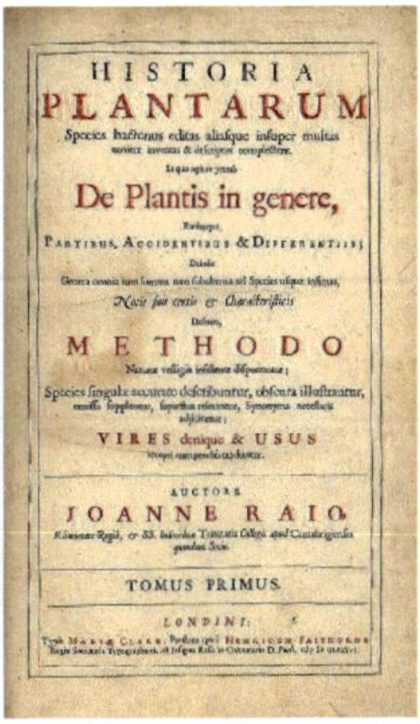

HISTORIA
PLANTARUM
De Plantis in genere,
METHODO
VIRES denique & USUS
AUCTORE
JOANNE RAIO
TOMUS PRIMUS
LONDINI:

John RAY (1627-1705) und sein Werk *Historia Plantarum* 1686

Mit RAY ist der britische Theologe und Naturforscher John RAY gemeint, der als *Vater der englischen Botanik* bezeichnet wird. In seinem dreibändigen Werk *Historia generalis plantarum* (1686-1704) beschrieb er die Ergebnisse einer Reise durch Westeuropa zwischen 1663 und 1666 und fasste sie in 18 Tausend Beschreibungen von etwa 6 Tausend Arten zusammen.

Albert Jansen berichtete, dass der englische Adel damals mehr als jeder andere den Ackerbau, die Gartenkunst und auch die Pflanzenkunde gepflegt habe. So wären die Mitglieder desselben Rousseaus's Neigungen gleichsam von selbst entgegengekommen sein. Sein Hauswirt Davenport habe mit ihm Änderungen und Neuschöpfungen in dem Park geplant und Lord STRAFFORD in Yorkshire sowie MALTHUS in Surrey hätten sich für seine botanische Ausflüge und Studien interessiert. Rousseau habe versprochen, die fünfzehn Wegstunden zu ihm als „armer Kräuterbursche zu Fuß zu machen" und sei eingeladen worden, auch einmal von Wootton aus ein *iter botanicum* nach Surray zu unternehmen.

Bei MALTHUS aus Surrey handelt es sich um Daniel Malthus (1730-1800), den Vater des bekannten Ökonomen Thomas Robert Malthus (1766-1834). Daniel Malthus war ein englischer Landedelmann und auch Privatgelehrter.

Durch einen Nachbarn, Lord Granville, machte Rousseau die Bekanntschaft mit der Herzogin von Portland, geb. Margaret Cavendish Bentinck (1715-1785) in Bulstrode, Buckinghamshire. Die Park- und Gartenanlagen waren damals berühmt, denen ein Schüler Linnés, der schwedische Botaniker Daniel Solander vorstand.

Herzogin von Portland

Daniel Solander

Die Herzogin zählte nach dem Tod ihres Mannes (1761) zu den reichsten Frauen Großbritanniens. Sie besaß eine große naturhistorische Sammlung, die von John Lightfoot (1735-1786, brit. Geistlicher und Botaniker) betreut wurde. Sie hatte 1734 den 2. Herzog von Portland geheiratet. 1766 korrespondierte sie mit Rousseau und lud ihn zur Besichtigung ihres Garten ein. Auch wenn es nicht zu einem Besuch kam, so kam es doch zu einem Austausch von Pflanzen. Im September 1766 erhielt Rousseau von der

Herzogin einige Pflanzen, für die es sich in einem überlieferten Brief bedankte – u.a. mit dem Satz: *„Hätte ich nicht schon eine grosse Neigung für die Botanik gehabt, die Pflanzen, die Ihre Hand mir reicht, würden sie mir eingeflösst haben; (...)"*

Weiter teilt er der Herzogin mit, dass er gern von ihr unterwiesen worden wäre: *„Zu spät dies Studium beginnend, um ein Wissender zu werden, würde ich wenigstens das Vergnügen haben, zu lernen, und bei Ihnen zu lernen; (...)"* (zitiert nach A. Jansen)

Und Rousseau sandte auch Pflanzen an die Herzogin, deren Originalbriefe nach A. Jansen in der Bibliothek von Neuchâtel aufbewahrt werden:

„Weil er ihr eine Freude bereiten wollte, holte er sofort seine Herbarien hervor, suchte alle Seltenheiten derselben in schönen Exemplaren aus, säuberte und ordnete sie, bemühte sich nach Kräften , jede Pflanzen zu bestimmen und zu benennen, und übersandte ihr die Sammlung durch Lord Granville nach Bullstrode."

Albert Jansen teilt auch mit, dass die Herzogin Rousseau in Wootton mit einem Besuch überrascht hätte, *„und Chamaedrys frutescens und Saxifraga alpine suchend, kletterte sie dort in den Felsen herum, dass er ihr kaum nachfolgen konnte.*

Gamander (Berg-)

Steinbrecharten
(Thomé, Flora 1885)

Porträt Georg Rumpf

Chamaedrys bezeichnet die Gattung Gamander mit zahlreichen Arten – nach Linné *Teucrium*, synonym *Chamaedrys* MILL. Vermutlich ist nach der obigen Abbildung der Berg-Gamander (*Teucrium montanum*) gemeint.
Saxifraga bezeichnet eine Gattung innerhalb der Familie der Steinbrechgewächse. Viele Steinbrecharten sind typische Felspflanzen wie die Art *S. alpina*.

Die Herzogin soll Rousseau auch eine Kopie von Georg Rumpfs *Herbarium amboinense* geschickt haben, einer Botanik von Amboyna im heutigen Indonesien (Insel in den Molukken).
Georg Eberhard RUMPF (1627-1702) war Söldner, niederländischer Offizier, Botaniker und Forschungsreisender. Das genannte *Herbarium Amboinense* erschien in 12 Bänden (!), herausgegeben von E. M. Bumannus 1741-1755.

Über Gärten und deren Pflanzen hat sich Rousseau auch geäußert – die Natur wäre in solchen Anlagen nicht mehr sie selber, sie hätte nur größeren Prunk und Glanz – und: *„Die Vegetation unserer Berge dagegen ist noch so, wie sie aus Gottes Händen hervorgieng, und dort studiere ich gern die Natur; ... Das Botanisieren im einem Garten gewährt mir keinen solchen Reiz."*

Nach der Herzogin wurde auch eine Rosenart benannt: „Duchesse of Portland". Über den Ursprung der Portland-Rosen wird berichtet, dass 1807 ein Sämling in Italien gefunden und von dem französischen Rosenspezialisten und -züchter André Dupont (1742-1817) in Frankreich eingeführt worden sei. Man nimmt an, dass es sich um die Kreuzung sehr alter Rosensorten handelt – der *Rosa x damascena bifera* und der *Rosa gallica officinalis*. Der Weg dieser Rose zur Herzogin von Portland ist nicht bekannt; von dort kam sie zum Château de Malmaison der Joséphine von Beauharneis (1763-1814), wo sie der Gärtner Dupont zu Ehren von Margaret Bentinck als *Duchess of Portland* bezeichnet. Diese Rose ist durch ihre einfachen bis halbgefüllten scharlochroten Blüten und dadurch, dass sie auf einem kleinen Strauch im Herbst ein zweites Mal blühen, besonders hervorgehoben.

Rose *Duchess of Portland*

Daniel Carlsson SOLANDER (1733-1782) studierte Botanik bei Carl von Linné an der Universität Uppsala. 1768 bis 1771 nahm er mit dem Botaniker Joseph Banks (1742-1820) an der ersten Weltumsegelung von James Cook teil. Zusammen mit Banks beschrieb er Tausende neuer Arten von Pflanzen. Er unternahm Reisen nach Island, den Hebriden und Orkney-Inseln. 1764 wurde er Fellow der Royal Society.

Albrecht Jansen berichtet auch, welche englischen Autoren Rousseau den *Einsiedler von Wootton* beschäftigten:

„John Gerarde, geboren 1545 zu Natwich in Cheshire wurde Wundarzt und hatte die Aufsicht über den Garten von Lord Burleigh, bis er sich in Holborn einen eigenen gründete. Er ist der Verfasser von ‚The herbal or general historie of plantes', London 1597, in folio; das Buch erschien 1636 in einer vermehrten, verbesserten und mit Abbildungen versehenen Ausgabe, die Thomas Johnson besorgte, und die gewöhnlich ‚Gerardus emaculatus' hiess."

Johan GERARD (1545-1612) und sein Werk (Ausgabe 1636)

„John Parkinson, geboren 1557, Apotheker und Vorsteher des Gartens von Hamptoncourt, den die Königin Elisabeth schuf, schrieb ‚Paradisi in sole paradisus terrestris', das zu London 1629 in folio herauskam und mit 109 Holzschnitt-Tafeln verziert war. Ebendort wurde 1640 ein ‚Theatrum botanicum' von Parkinson veröffentlicht."

John PARKINSON (1567-1650) war Arzt, Apotheker von König Jacob I. und Botaniker. Er besaß einen großen Pflanzengarten am Londoner Stadtrand in Long Acre. Seine Darstellungen im *Theatrum Botanicum* beruhen auf der Nomenklatur von Caspar Bauhin, dessen Werk *Pinax* Rousseau ebenfalls bekannt war.

John Parkinson und seine Werke

„John Ray [s. auch weiter oben] (Johannes Rajus) aus Black Notley, der von 1628 bis 1705 lebte, war Geistlicher und Naturforscher. Von seinen Werken kannte Rousseau längere Zeit blos die ‚Synopsis methodica stirpium britanicarum', die zuerst 1690 gedruckt, 1724 von Dillenius verbessert und mit 24 guten Kupfertafeln ausgestattet, herausgegeben wurde. Neuerdings hatte sich dann Doctor Hill noch einmal an das Werk gemacht und den Stoff desselben nach Linné geordnet; aber auf diese Weise unterbrach er den Text Ray's und Dillenius' sehr oft auf eine lächerliche Weise, so dass es ihn geradezu verdarb. Gleichwohl war das Buch recht nützlich, weil Linné vielfach darauf verwies, und weil es nicht wenige gute Beobachtungen enthielt. Rousseau verdankte das Exemplar desselben der Herzogin von Portland. Sie war es auch, die ihm Hill's selbstständiges Werk, die ‚Flora britanica' verschaffte und Petiver's Abbildungen Englischer Pflanzen zusendete."

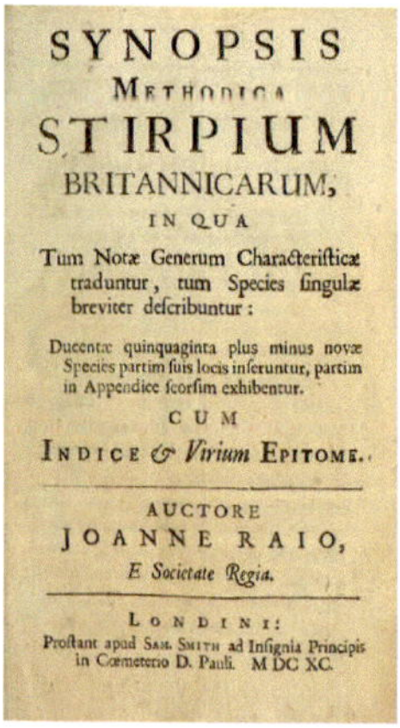
SYNOPSIS
METHODICA
STIRPIUM
BRITANNICARUM,
IN QUA
Tum Notæ Generum Characteristicæ traduntur, tum Species singulæ breviter describuntur:
Ducentæ quinquaginta plus minus novæ Species partim suis locis inseruntur, partim in Appendice seorsim exhibentur.
CUM
INDICE & *Virium* EPITOME.
AUCTORE
JOANNE RAIO,
E Societate Regia.
LONDINI:
Prostant apud SAM. SMITH ad Insignia Principis in Cœmeterio D. Pauli. MDCXC.

Das Werk STIRPIUM
Von J. Ray (1690)

J. Ray

J. J. Dillenius

Johann Jakob DILLENIUS (1684-1747) aus Darmstadt war Arzt und Botaniker. Er war zunächst von 1713 bis 1721 Stadtarzt in Gießen. 1721 nahm er die Einladung des Botanikers William Sherard (1659-1728) nach England an, wo er dessen umfangreiche Pflanzensammlungen ordnete. Als Sherard starb, hatte er sein Vermögen für die Einrichtung eines botanischen Lehrstuhls an der Universität Oxford vermacht, den Dillenius erhielt. Dillenius stand mit Linné und Albrecht von Haller in wissenschaftlichem Kontakt.

John HILL (um 1716-1775) war ein englischer Apotheker, Arzt, Botaniker und Schriftsteller, der Großbritannien auf der Suche nach seltenen Pflanzen bereiste. (Abb.: J. Hill und sein Werk *Flora Britanica* von 1760)

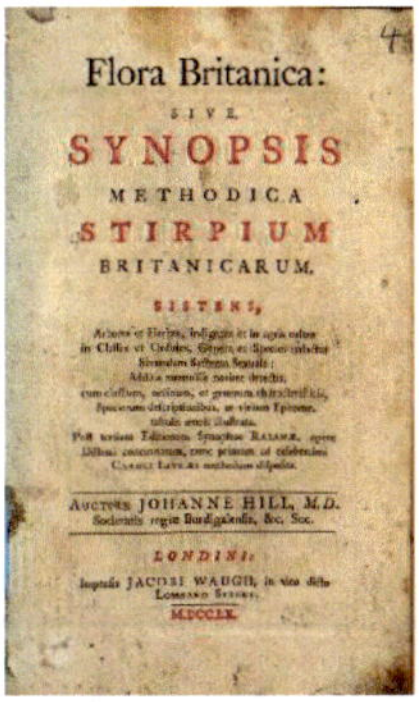
Flora Britanica:
SIVE
SYNOPSIS
METHODICA
STIRPIUM
BRITANICARUM.
SISTENS,
AUCTORE JOHANNE HILL, M.D.
LONDINI:
MDCCLX.

James PETIVER (1663-1718) war ein englischer Apotheker und Botaniker. Er betrieb eine Apotheke in der Nähe des St. Bartholomäus Hospitals in London. Schon früh trat er in Kontakt zum Johan Ray. Petiver beauftragte Kapitäne und Schiffsärzte, ihm Pflanzenarten mitzubringen, u.a. aus den Britischen Kolonien in Nordamerika. 1713 bis 1715 erschien sein Werk *A Catalogue of Mr Ray's English herbal illustrated...*

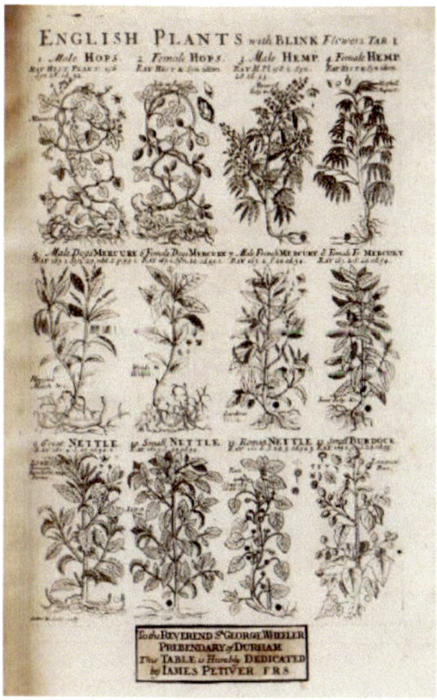

Seite aus J. Petivers „Catalogue"

„Petiver war einer der Londoner Apotheker, die 1673 den Garten zu Chelsea anlegten. Bis zu seinem Tod, der 1718 eintrat, war er auch literarisch thatig. Von seinen Abbildungen urtheilte Rousseau, dass sie alles leisteten, was man von nicht-colorierten Blättern verlangen könnte."

In den Briefen mit der Herzogin von Portland werden auch Pflanzen ausgetauscht. So berichtet A. Jansen:
„Hier ist eine Pflanze, sagt Rosseau, die ich an den Felsen haftend fand; ich kenne sie gar nicht, Sie kennen sie vielleicht recht gut. Nach der Gestalt und Fructification scheint sie zu den Farnen, nach der Substanz und Structur zu den Moosen zu gehören. Meine Augen und Gläser sind zu schlecht, um die Sache zu entscheiden."
Die Herzogin antwortet: „Es ist Adiantum petaeum perpusillum anglicum foliis bifidis vel trfidis, Ray, Synopsiis, II. 47".
Nun fällt Rosseau ein, dass er das auch schon einmal gewusst hat. „Richtig, sagt er, ich habe es ja an Gestein und Baumwurzel öfter gefunden, besonders an den nordwärts gerichteten Felsen südlich von Wootton-Hall."

Mit *Adiantum* werden Frauenhaarfarne bezeichnet:

Aus: Thomé, Flora... 1885

Weiter wird berichtet:

Ein anderes Mal überschickte ihm die gelehrte Herrin von Bullstrode eine Pflanze. „Sie nähert sich am meisten dem Milchstern, Ornithogalum, erklärte er; aber da ihre Blüthe geschlossen, und ihre Wurzeln nicht blasig ist, so passt das wohl nicht." „Es ist ja Viola lutea", belehrte die Herzogin. „O doch nicht, versetzte Rousseau, ich besitze Viola lutea, und damit hat sie nichts gemein, als die gelbe Farbe der Blüthe. Ist es vielleicht Linné's Anthericum ossifragum, Kaspar Bauhin's Pseudo-asphodelus anglicus vel scoticus? Ich möchte gern Sicheres wissen. Denn nichts ist mir gleichgiltig, was ich von Ihnen habe.

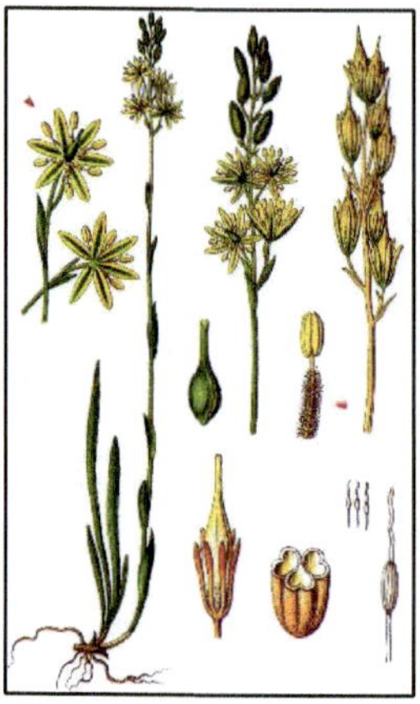

Anthericum ossifragum
(Gelbe Moorlilie)

Ornithogalum dubium
(Orangefarbener
Milchstern)

Viola lutea
(Gelbes Alpenveilchen)

Mit *Anthericum* werden Graslilien, mit *Narthecium* Ährenlilien bezeichnet. Weder die lateinischen Namen noch die Beschreibungen ermöglichen uns heute eine Entscheidung, um welche Pflanze es sich gehandelt hat. das *Gelbe Alpenveilchen* ist es wohl nicht gewesen.

Die brieflichen Kontakte zeigen jedoch, wie intensiv sich die ungleiche Partner mit Fragen der Botanik, der Bestimmung von Pflanzen beschäftigt haben.

Botanische Studien im Nordwesten von Frankreich

Vom 21. Juni 1767 bis 12. Juni 1768 fand Rousseau mit seiner Gefährtin Unterschlupf im Schloss von *Trie-Chateau* des Bourbonen Prinzen CONTI.

Schloss von Trie-Chateau

Louis François I. der Bourbon de Conti

Louis François I. de Bourbon, prince de Conti (1717-1776) war ein Cousin König Ludwigs XV. war Truppenführer vor allem während der Polnischen und Österreichischen Erbfolgekriege und wurde auch als Kunstsammler bekannt. 1756/57 wurde er zum Gegner der Monarchie.

Trie-Chateau ist eine französische Gemeinde im Département Oise und liegt an einer alten Römerstraße. Das Schloss Trie aus dem Besitz der Herzöge von Longueville kam 1694 an die Familie de Conti.

Aus Notizen von Rousseau erfahren wir, dass er in der Umgebung von *Gomer-Fontaine* entdeckte er Echten Alant (*Inula helenium*), „das Französische Forscher, wie Regnault, noch später auf England beschränken wollten.“ (A. Jansen)

Nicolas François Regnault (1746-1810) war ein französischer Biologe, dessen Ehefrau Geneviève Nangis-Regnault zahlreiche Pflanzenbilder zeichnete und stach.

Alant (Köhler's Medizinalpflanzen 1887)

Zisterzienserabtei Gomerfontaine (1792)

Zum Kloster Gomerfontaine (1207 am Ufer der Troësne als Zisterzienserabtei gegründet) bzw. dessen Äbtissin Marguerite de Médavy hatte Rousseau auch Kontakt. Er liegt in der Nähe von Trie-la-Ville.

Über Pflanzen, die Rousseau im bzw. in der Nähe vom Park des Schlosses fand, berichtete A. Jansen:
„Unter Haidekräutern, die den Park von Trye umgaben, auf ziemlich feuchtem Boden fand er Anthemis nobilis, die wohlriechende Kamille, Sagina procumbens, Linné's Hieracium umbellatum und andere interessante Pflanzen, namentlich zwei, die er für würdig hielt, nach Bullstrode geschickt zu werden. Im letzten Augenblick kam seine Bibliothek an, und so versuchte er die beiden Blumen zu benennen und zu bestimmen. ‚Die eine, sagte er, muss in der ‚Flora Britannica' auf Blatt 15 stehen, das in meinem Exemplare fehlt; sie heisst in Ray's ‚Synopsis' Radiola, und während Michaeli eine Gattung Linocarpum aus ihr macht, stellt sie Linné unter die Linum-Arten. Die andere Pflanze ist eine kleine Gentiane, nach der ‚Synopsis' Cetaureum palustre luteum minimum nostras, Flora Britannica 131.' Später begegnete ihm Gentiana filiformis an einem Orte in grosser Menge..."

Mit *Anthemis nobis* wird eigentlich die Römische Kamille (*Chamaemelum nobile*) und nicht die Echte (Wohlriechende) Kamille (*Matricaria chamomilla* L.) bezeichnet.:

Vergleich Römische Kamille (links) und Echte Kamille
(aus: Köhler's Medizinal-Pflanzen 1887)

Mit *Sagina procumbens* wird das Niederliegende Mastkraut, auch Liegender Kerbel, aus der Familie der Nelkengewächse bezeichnet. Die sehr kleine Pflanze erscheint Laien eher als ein Moos, da es rasenartige Polster bildet. Vermutlich hat Rousseau das Küsten-Niederliegende Mastkraut (*Sagina procumbens* var. *litoralis* RCHB.) entdeckt.

Mit *Hieracium umbellatum* ist das Doldige Habichtskraut gemeint. Im KOSMOS-Naturführer „Was blüht denn da?“ (59. Auflage 2015) ist zu lesen: „Habichtskräuter gehören in unserem Gebiet zu dem am schwierigsten zu bestimmenden Blütepflanzen. Spezialisten sind sich noch nicht einmal über die genaue Arteneinteilung einig. Bereits bei einem engen Artenkonzept kommen bei uns über 150 Arten vor."

Niederliegendes Mastkraut

Doldiges Habichtskraut
(Thomé, Flora 1885)

Zu den Pflanzen, bei deren Bestimmung Rousseau unsicher war, ist Folgendes festzustellen:

Mit *Radiola* wird nach HILL bzw. Linné der *Zwergflachs* bezeichnet. Diese wie das Niederliegende Mastkraut ebenfalls winzige Blütenpflanze gehört zur Familie der Leingewächse und wurde 1763 von Linné als *Linum Radiola* in *Species Plantarum* 1/281 erstbeschrieben. 1788 wurde sie von Albrecht Wilhelm Roth (1757-1834, Arzt und Botaniker in Vegesack) als *Radiola linoides* in die Gattung *Radiola* gestellt.

Wilhelm Roth

Zwerglein oder Zwergflachs

Und schließlich handelt es sich bei der *kleinen Gentane* um die einjährige *Gentiana filiformis* bzw. *Cicendia filiformis* - als Fadenenzian, Heide-Zindelkraut oder Schmalblättriger Fadenenzian der Gattung *Cicendia* aus der Familie der Enziangewächse:

Fadenenzian – Abb. in der Flora Batava Vol, 9 (1846) von Jan Kops (1765-1849)

Auch bei dieser Pflanze handelt es sich um eine unscheinbare, leicht zu übersehende Pflanzenart (Hegi 1966).

Offensichtlich betätigte Rousseau sich auch als Gärtner – d.h. mit der angewandten Botanik. Darüber berichtet A. Jansen:

„Gleich der Herzogin von Portland, die er dabei unterstützte, und Dupeyrou [der ihn im Sommer 1767 auch im Schloss Tyre besuchte], den er dazu veranlasste, säete und pflanzte auch Rosseau in seinem Garten schöne und seltene Gewächse des Waldes und der Flur. Sie liess er Körner von Hundekohl, Asclepias Syriaca, in ein Mistbeet legen und sorgfältig mit einer Glocke bedecken: aber trotz aller erdenklicher Müche zog er nur wenige und jämmerliche Pflänzchen gross. Dagegen kam Carthamus lanatus dicht unter seinem Fenster wunderhübsch, und Medicago scuetallata und intertexta standen im Junis 1768 in Blüthe; mit immer neuerem Entzücken ‚zählte er an jenen jeden Tag die Sprossen, ja die Härchen der Blätter'."

Mit *Hundekohl* (Asclepias syrica) ist die Gewöhnliche Seidenpflanze aus der Familie der Hundsgiftgewächse gemeint – daher auch die Name.
Carthamus lanatus bezeichnet den Wolligen Saflor, auch Wollige Färberdistel genannt.
Mit *Medicago scutellata* bzw. *M. intertexta* sind zwei Arten aus der Familie der Leguminosen gemeint, auch als Luzerne oder Schneckenklee bezeichnet.

Asclepias syriaca

Carthamus lanatus

Medicago scutellata (Blüte)

Zwei weitere *Medicago-(Schneckenklee)*Arten (aus Thomé, Flora 1885)

Daran anschließend berichtet Jansen, dass sich Rousseau auch für außereuropäischen Gewächse interessiert habe. Seinen Verleger Marc-Michel REY (1720-1780, verlegte Rousseaus' Werk HELIOSE) fragte er in einem Brief vom 20. September 1767, „ob er niemand wüsste, der ihm dergleichen getrocknet, in gutem Zustande und mit Linné's Benennungen versehen besorgen könnte. In Folge dessen erhielt er manche Bereicherung seines Herbariums."

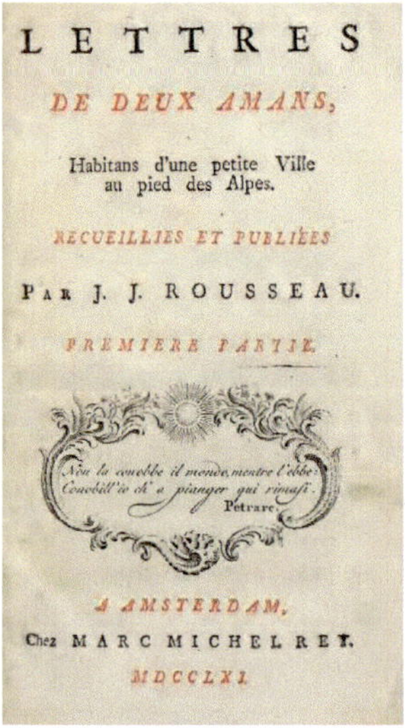
LETTRES

DE DEUX AMANS,

Habitans d'une petite Ville
au pied des Alpes.

RECUEILLIES ET PUBLIÉES

PAR J. J. ROUSSEAU.

PREMIERE PARTIE.

Non la conobbe il mondo, mentre l'ebbe:
Conobbil' io ch'a pianger qui rimasi.
Petrarc.

A AMSTERDAM,

Chez MARC MICHEL REY.

MDCCLXI.

Titelblatt der Erstausgabe der *Nouvelle Heliose* (noch unter dem ursprünglichen Titel) 1761 von Marc Michel Rey

Jansen berichtet auch, dass Rousseau im Frühling 1768 Besuch von einem jungen Mann namens Joseph DOMBEY erhalten habe, der ihm „eine Sammlung von vollkommen schönen und gut erhaltenen Exemplaren fremder und seltener Pflanzen" überreicht habe.

Joseph DOMBEY (1742-1794) war ein französischer Botaniker. Er hatte in Montpellier studiert und 1766 in Medizin promoviert. 1772 wurde er Assistent von Bernard de Jussieu und 1776 Botaniker am Jardin des Plantes in Paris. Von 1778 bis 1782 sammelte er Pflanzen in Südamerika.

Über die Sammlung an getrockneten Pflanzen, die Dombey 1768 Rousseau übergab, hätte dieser sich nicht satt sehen können:
„Er ordnete sie, vereinte sie mit denen, die er schon besaß, und brachte so ein Herbarium zusammen, das aus zehn grossen Folio-Bänden bestand, und das 1500, die Varietäten mit gezählt sogar 2000 Arten enthielt..."

(...)

„In Frankreich, klagte Rousseau, herrscht doch ein hoher Grad krasser Unwissenheit, über das schöne und reizvolle Studium der Botanik, das der erlauchte Linné bei dem übrigen Europa in Mode brachte. Während in Deutschland und England Fürsten und Grosse an der Pflanzenkunde sich ergetzen, betrachtet man sie hier noch als Apothekerkram, und man fasst hier eine wahrhaft unglaubliche Verachtung gegen mich, weil man mich herborisieren sieht..."

Mitte Juni 1768 verließ Rousseau nach Anfeindungen durch Mitbewohner des Schlosses und unternahm in Südfrankreich eine „botanische Pilgerfahrt", die zwei Jahre dauern sollte.

In Südfrankreich

Am 16. Juni 1768 erreichte Rousseau LYON und stieg im Hôtel de Notre-Dame in der Rue Syrène ab.

„Am Tage nach seiner Ankunft besuchte er Frau Boy de la Tour, eine geborene Roguin und nahe Verwandte seines Freundes Daniel Roguin; als Besitzerin des Hauses, das er in Motiers bewohnt hatte, war sie mit ihm in Beziehungen gekommen, die dann durch einen regen Briefwechsel vertraulich und innig wurden."

Daniel ROGUIN (1691-1771) war Schweizer Offizier in niederländischen Diensten (u.a. in Surinam) und Bankier.

Daniel Roguin

JANSEN berichtet, dass Rousseau den ganzen Tag im Freien verbracht hätte, die Höhe Fourvières (ein Hügel am Stadtrand von Lyon) westlichen bestiegen hätte und die Aussicht auf die Alpen und über die reichgesegnete Ebene mit ihren Dörfern und Landhäusern, Feldern und Wiesen, Parkanlagen und

„In dem Weingelände der Villa Boy de la Tour entdeckte er eine nie gesehene Pflanzen, die er zu seiner grossen Genugthung sogleich als Aristolochia clematitis bestimmte. Auf der Insel Mognat überraschte ihn unter dem Rasen der Weise wildwachsender, einheimischer Spargel, und er bemerkte, dass es gekocht, ganz ausgezeichnet schmeckte.“

Gewöhnliche Osterluzei

Gemeiner Spargel (beide: Thomé, Flora)

„Die stärkste Anziehung übte auf ihn der botanische Garten der Thierarznei-Schule. Die Directoren empfingen ihn ehrerbietig und liebenswürdig; es machte ihnen sichtliche Freude, alle Wünsche des berühmten Philosophen zu erfüllen und seine Fragen zu beantworten. Aber da Rousseau zuviel auf einmal sah, konnte er nichts genau betrachten und sich einprägen: er fühlte sich gleichsam erdrückt von dem Reichthum exotischer Gewächse...“

Die École nationale vétérinaire de Lyon (ENVL) wurde 1761 gegründet. Der Botanische Garten von Lyon wurde jedoch erst 1857 eröffnet.
Als Initiatoren des ersten botanischen Gartens in Lyon in der Vterinärhochschule werden Marc Antoine Claret de La TOURTETTE (1729-1793) und der Abbé Francois ROZIER (1734-1793) genannt.
Über beide Botaniker berichtete JANSEN wie folgt:

„Der angesehenste Botaniker Lyons war Herr de la Tourette. Geboren 1729, stand er damals in seinem vierzigsten Lebensjahre. Er gehörte einer Familie an, die sich durch Vornehmheit, Reichthum und Bildung auszeichnete, diente längere Zeit in der Verwaltung seiner Vaterstadt und widmete sich zuletzt ausschliesslich der Naturforschung, vernehmlich der Mineralogie und Botanik. In seiner Wohnung besass er nach der Weise der Zeit ein Naturalien-Kabinet oder Museum, welches fast alle Producte der Natur umfasste, und nach dem Ausspruche der Kenner durch seine Anordnung und Vertheilung bewies, dass es nicht das Werk eines Zufalles, sondern eines verständigen Planes war. Auch einen eigenen botanischen Garten hatte sich de la Tourette angelegt, worin man bei 3000 seltene Pflanzen zählte. Schon vor 1754 Mitglied der Lyoner Akademie [1700 gegründet], deren Präsident sein Vater war, arbeitete er gemeinschaftlich mit dem Abbé Rozier lange Zeit an einem botanischen Buche, welches 1766 in drei Octavbänden unter dem Titel Démonstrations *élémentaires de botanique* zu Lyon erschien. Es behandelte Heilkräuter und stützte sich dabei auf Tournefort, aber es berücksichtigte auch das System und die Nomenklatur Linné’s. Vom Publikum günstige aufgenommen, hat das Werk 1773 eine zweite und 1783 eine von dem Botaniker Gilibert vermehrte und verbesserte dritte Auflage erlebt. Rousseau fand es ‚sehr gut' und rühmte seinen Verfasser als gelehrt, liebeswürdig und höchst anregend. Dasselbe Lob spendete er dessen Mitarbeiter, dem Abbé Rozier, der fünf Jahre jünger als de la Tourette, ebenfalls in Lyon geboren war und eine der Dircetoren-Stellen der Thierarznei-Schule inne hatte…"

Der Gründer der weltweit ersten Veterinärschule war Claude BOURGELAT (1712-1779), ursprünglich als Anwalt tätig, Verfasser von Fachbücher zu Hippologie.

Jean-Baptiste François ROZIER

Titelkupfer eines Werkes (1797)

Kupferstich

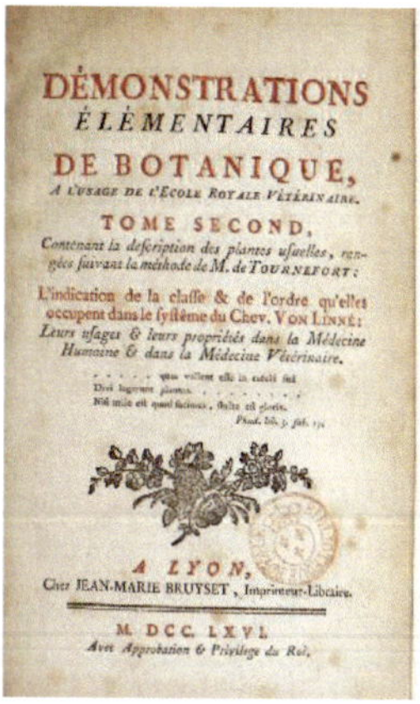

DÉMONSTRATIONS
ÉLÉMENTAIRES
DE BOTANIQUE,
A L'USAGE DE L'ÉCOLE ROYALE VÉTÉRINAIRE.
TOME SECOND,
Contenant la description des plantes usuelles, rangées suivant la méthode de M. de TOURNEFORT:
L'indication de la classe & de l'ordre qu'elles occupent dans le système du Chev. VON LINNÉ:
Leurs usages & leurs propriétés dans la Médecine Humaine & dans la Médecine Vétérinaire.

A LYON,
Chez JEAN-MARIE BRUYSET, Imprimeur-Libraire.
M. DCC. LXVI.
Avec Approbation & Privilège du Roi.

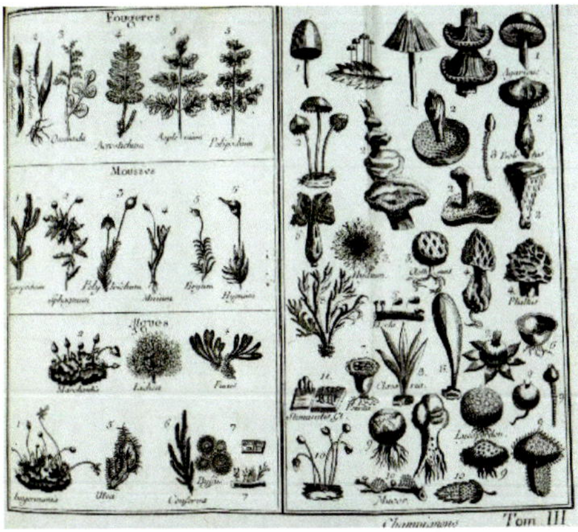

Démonstrations élémentaires de Botanique (Ausgabe 1766)

Beispiel einer Tafel

Françcois ROZIER (1734-1793) widmete sich der Wissenschaft, nachdem er sich geweigert hatte das Priesterseminar zu besuchen und übernahm die Verwaltung des Familienbetriebs in der Nähe von Vienne am linek Ufer der Rhône, 32 km südlich von Lyon. Er war mit Marc Antoine Louis Claret de La Tournette und Jean-Emmanuel Gilibert befreundet, mit denen er gemeinsam Exkursionen zum Zweck der Pflanzenbestimmung unternahm. 1761 wurde Professor für Botanik und medizinische Bereiche an der Veterinärmedizinischen Hochschule. Auf seiner Familiendomäne soll er auch Rousseau empfangen haben.

Jean-Emmanuel GILIBERT (1741-1814) war ein französischer Arzt und Botaniker. Er hatte in Montpellier Medizin studiert und sich als Arzt in Lyon niedergelassen. Er sammelte Pflanzen in der Umgebung von Lyon und legte auch einen botanischen Garten an, der er aber offensichtlich aus Mangel an öffentlicher Unterstützung aufgeben musste. Von 1775 bis 1783 wirkte er in Willna (Litauen), wo er den Botanischen Garten schuf; danach war er wieder als Arzt in Lyon tätig.

JANSEN berichtet auch noch über einen dritten Pflanzenfreund Rousseaus in Lyon – und zwar den Abbé de Granche-*Blanche*, „der allerdings noch kein Meister in der Wissenschaft war, aber Lust und Eifer zum Lernen hatte."

Unter Leitung von de La Tourette unternahm Rosseau zusammen mit Rozier und Granche-Blanche im Juli 1768 eine Exkursion.
In *Voreppe* (Gemeinde im Südosten Frankreichs im Département Isère, in der Region Auvergne-Rhône-Alpes, 15 km nordwestlich von Grenoble) verließ die Gesellschaft ihren Wagen:

„Der genannte Ort, (...), liegt an der Stelle, wo die Isère aus dem Hochgebirge heraustritt, und von ihm aus stiegen nun unsre Botaniker mit Blechbüchsen, Mappen und Papieren den Weg empor, der nordöstlich zu der Grande-Chartreuse führt."

La Grande Chatreuse – nach einem Gemälde von Ernest-Victor Hareux (1847-1909)

La Grande Chatreuse – die Große Klause – ist das Mutterkloster des Kartäuserordens, etwa drei Kilometer nordwestlich des Dorfes Saint-Pierre-de-Charteuse – 1084 von Bruno von Köln (um 1030-1101) errichtet. Es liegt in einer einsamen Gebirgsgegend nördlich von Grenoble. 1132 wurde sie durch eine Steinlawine zerstört und etwa zwei Kilometer südlich der ursprüngliche Anlage wieder aufgebaut. Mehrmals durch Feuer zerstört, stammen die heutige Gebäude überwiegend aus dem 17. Jahrhundert.

JANSEN:
„Sie durchforschten die Umgegend der Stiftung des heiligen Bruno und drangen über diese hinaus tief in das Gebirge. Reich und köstliche war ihre Ernte. Astrantia, Trientalis europaea (Pyrola), Soldanella alpina, Meum und andere Umbelliferen, verschiedene Daxifragae und Gentianae, Leguminosen, die grossblüthige Melisse und noch mancherlei Didynamien oder Labiaten erweckten den Jubel des Sammlers. Dicht bei der Grande-Chartreuse sah Rosseau in Menge ein kleines Cypergras, das er zuerst für Linné's Cyperus fuscus ansprach, bis er zu seinem Stolze später entdeckte, dass diese Pflanze weder von Linné noch von einem anderen Autor erwähnt wurde, den einzigen Micheli ausgenommen, der sie tab. 31 fol.1 als Cyprus radice repente, odora, foliolis unciam longis et lineam latis kannte und kenntlich machte…"
Mit *Astrantia* sind Sterndolden gemeint – aus der Familie der Doldenblütler. In den Alpen kommt vor allem die *Große Sterndolde* (*Astrantia major* L.) vor. Bei der Pflanzen *Trientalis europaea* handelt es sich um den *Europäischen Siebenstern* – die Erstveröffentlichung erfolgte 1753 durch Linné in *Species Plantarum* I, S. 344.
Mit *Pyrola* in Klammern ist eigentlich die Pflanzengattung *Wintergrün* gemeint – hier das Beispiel *Pyrola minor* (Kleines Wintergrün).

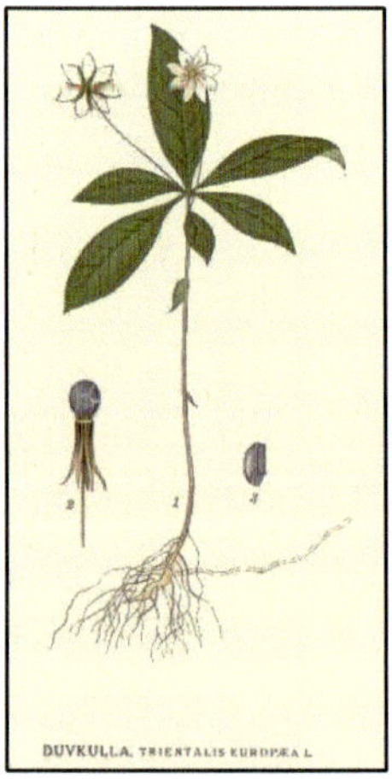

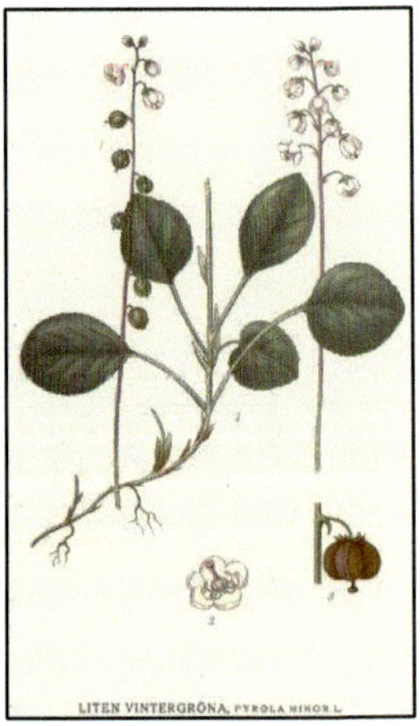

Große Sterndolde (Thomé, Flora 1885)

Europ. Siebenstern Kleines Wintergrün
(beide Abb. Lindman, Nordens Flora)

Die *Alpen-Soldanelle* (*Soldanella alpina*) ist eine Pflanzenart in der Gattung der Alpenglöckchen innerhalb der Familie der Primelgewächse. Sie ist eine Rosettenpflanze.

Mit *Meum* (*athamanticum*) wird der *Bärwurz* bezeichnet, die einzige Art in der monotypischen Pflanzengattung *Meum* innerhalb der Familie der Doldenblütler *Apiaceae* (*Umbelliferae*).

Mit *Saxifragae* sind *Steinbrech*-Arten, mit *Gentianae* Enziane und mit *Leguminosen* Hülsenfrüchtlicher, ene artenreiche Familie mit etwa 20 Tausend Arten gemeint.

Alpen-Soldanelle (Sturm: Deutschlands Flora 1806)

Bärwurz (Thomé, Flora 1885)

verschiedene Steinbrech-Arten (Tafel 1905)

Mit *grossblüthige Melisse* ist vermutlich die Zitronenmelisse (*Melissa officinalis* L.) gemeint; von den vier Arten der Gattung *Melissa* kommt nur diese in Europa vor – die anderen drei stammen aus Asien.

Zypergräser gehören zur Familie der Sauergrasgewächse. Welche Art hier gemeint ist, lässt sich nicht genau feststellen. Mit Bezug auf den italienischen Botaniker MICHELI könnte es sich um das Zwerg-Zypergras (*Cyperus michelianus*) gehandelt haben, das auch in Frankreich vorkommt.

Zitronen-Melisse
(Thomè, Flora)

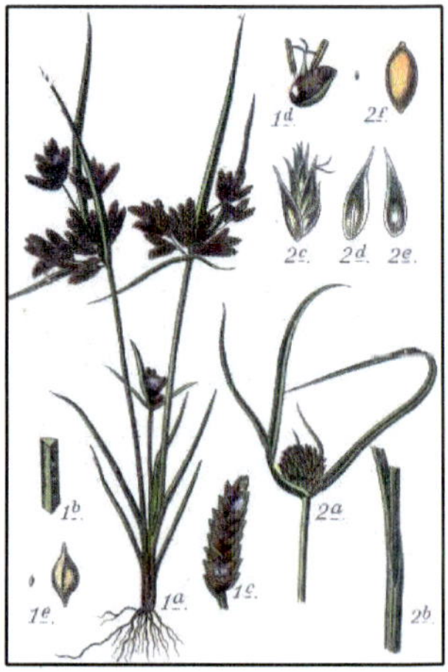

Cypergräser – rechts Zwerg-Zypergras (links: Braunes Z.)

Botanische Studien in Bourguin-Jallieu

Der Ort – von JANDEN nur Bourguin genannt – befindet sich in einer Ebene zwischen Lyon im Nordwesten und Grenoble im Südosten. Dort heiratet Rousseau am 29. August 1768 Therese Lavasseur (1721-1801).

Von JANSEN erfahren wir zu Rousseaus botanischen Studien, dass er nur zufällig, und weil sie ihm neu gewesen wären, einige Pflanzen aufgefallen seien: Cenchrus racemosus (Traubiges Klettengras), Monotropa hypopitys (Fichtenspargel), Crepis foetida (Stink-Pippau).

Das *Traubiges Klettengras* wurde mit dem botanischen Namen erstmals 1753 beschrieben – der heutige botanische Name lautet: *Tragus racemosus*, aus der Gattung der Klettergräser (*Tragus*) innerhalb der Familie der Süßgräser. Als subtropische Pflanzen stammt sie vermutlich aus der afrikanischen oder vorderindischen Savannenregion.

Der *Fichtenspargel* ist eine blattgrünlose, krautige Pflanze und kommt in den gemäßigten Zonen der gesamten Nordhalbkugel vor und steigt bis ins Gebirge bis zu Höhen von 1700 m auf.
Der *Stink-Pippau* hat eine Unterart, Mohnblatt-Stink-Pippau genannt, in der Gattung Pippau.

Exkursion zum Mont Pilat

Der Mont Pilat ist ein Gebirgsstock im französischen Département Loire, östlich von Sain-Étienne, und ist durch seine sehr artenreiche Flora bekannt, da in seinem Westen das kontinentale Gebirgsklima des Zentralmassivs herrscht, das Klima zu Rhonetal hin jedoch einen mediterranen Charakter hat.
Sowohl Jansen als auch Ruth Schneebeli-Graf berichten ausführlich über diese Exkursion und deren Ergebnisse, Hier sollen nur einige wesentliche Details beschrieben werden:

„Sonntag, den 13. August 1769, noch ehe die Sonne aufging, machten sich Rousseau, der Marquis de Beffroy [Gouverneur von Bourguin], der Arzt Meynier und ein anderer Herr aus Bourguin auf den Weg. [...]
Am ersten Tag hatten die vier Wanderer einen sehr weiten und sehr anstrengenden Marsch bis nach Vienne an der Rhone, Von hier bestiegen sie am anderen Morgen des 1434 Meter hohen Pila[t], auf den die ganze Reise abzielte. [...]“
Der Berg galt als Fundort seltener Pflanzen, jedoch hatte die Gruppe keinen Führer und die Zeit war ungünstig, da viele Pflanzen bereits verblüht waren. Die Stimmung von Rousseau war zunächst schlecht – dann aber:
„Beim Anblick von Sonchus alpinus [Alpen-Milchlattich] vergass Rousseau allen Aerger und Verdruss. ‚Die Pflanze ist fünf Fuss hoch, lautet seine Beschreibung, ihre ganze Gestalt und ihr Blattwerk erregt sofort Erstaunen, und die schönen blauen Blüthen verleihen ihr eine ungewöhnliche Pracht.‘ Er hielt sie zunächst für blaublühenden Lattich, bis ihm nicht ohne Mühe die richtige Bestimmung gelang. Dagegen erkannte er leicht Lichen islandicus

[Islandmoos] seinen kurzen Härchen. Vor einem kleinen zierlichen Gewächs mit winzigen Blüthen scheiterte jedoch seine Gelehrsamkeit; er wollte es zuerst für Linné's Silene mutabilis ansprechen, dann nahm er es für Cucubalus Otites, und zuletzt überliess er dem Doctor Clappier die Entscheidung, dem er es nach Grenoble schickte."

Alpen-Milchlattich (Lindman, Nordens Flora) Islandmoos (Köhler's Medizinalpfl. 1887) Ohrlöffel-Lichtnelke

Der Alpen-Milchlattich (*Sonchus alpinus* L. = Cicerbita alpina) ist in Höhenlagen von 1000 bis 2000 m in der Alpen verbreitet. Die Wuchshöhen betragen meist 60 bis 140 cm und die unteren Laubblätter weisen oft Längen über 10 cm auf. Die Zungenblüten sind blauviolett.

Das Islandmoos (botan. *Cetraria islandica*), auch Lichen islandicus genannt, ist eine polsterförmig wachsende Strauchflechte. Die erste bekannte Beschreibung unter Muscus islandicus catharticus ist in einem Arzneimittelverzeichnis, der Kopenhagener Taxe von 1672, zu finden.

Die botanischen Namen *Silene mutabilis* L. bzw. *Cucubalus Otites* führen entweder zu einem Leimkraut/Lichtnelke (*Silene*) aus der Familie der

Nelkengewächse oder speziell zur Ohrlöffel-Lichtnelke bzw. zum Ohrlöffel-Leimkraut, einer Rosettenpflanze. Die Erstveröffentlichung erfolgte unter dem Namen *Cucubalus otites* von Linné, die Neukombination zu *Silene otites* L. WIBEL 1799 durch den Botaniker August Wilhelm Eberhard Christoph WIBEL (1775-1813), Arzt, Hofrat, Physicus im Bezirk Wertheim, Erstbeschreiber zahlreicher botanischer Taxa.

In Paris ab Juni 1770

Von Lyon zog es Rousseau wieder nach Paris. Dort eröffnete er zu Erstaunen vieler Bekannter wieder das Geschäft eines Notenkopisten, das er dort bereits vor anderthalb Jahrzehnten betrieben hatte.

JANSEN berichtet, dass er alle seine Spaziergänge aber zu botanischen Ausflügen genutzt hätte:
„Die Gärten der reichen Leute reizten durch ihre schönen und seltenen Gewächse seine Neugierde; unter ihnen stach der des ehemaligen Schöffen Cochin, der in Chatillon bei Bagneux zwei Stunden [etwa 7 km südwestliche vom Zentrum Paris, ursprünglich Châtillon-soux-Bagneux] vor der Hauptstadt lag, (...). Für den **Park Monceux**, der Rousseau sehr anmuthete, verschaffte ihm Frau von Genlis einen eigenen Schlüssel. Den Park von Trianon, dessen Gärtner Richard er durch Daubenton kennen lernte, besuchte er zu einer Zeit, da der Hof nicht in Versailles war, um ihn ungestört geniessen zu können. Das Boulogner Wäldchen gehörte zu seinen gewöhnlichen Promenaden, wo ihn dann am Eingang und Park La Muette stets von neuem fesselten.
“

Park Monceaux

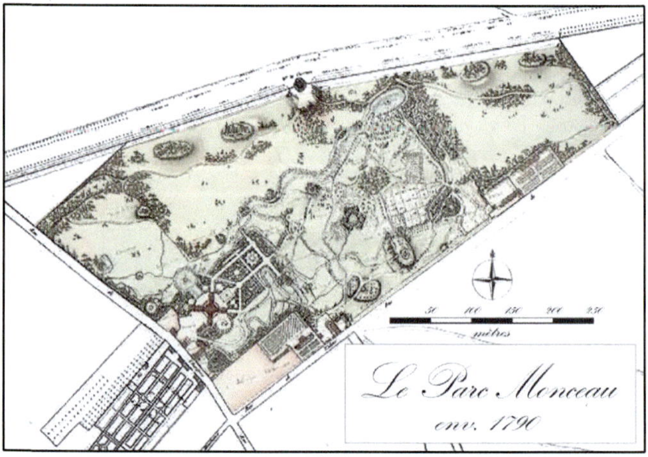

Der Park MONCEAUX

Der Park liegt im 8. Arrondissement von Paris. Der Eingang wurde als historische Rotunde, einem Teil der ehemaligen Stadtmauer, von Claude-Nicolas Ledoux (1738-1806; klassizistischer Architekt – gilt als Hauptvertreter der französischen Revolutionsarchitektur) geschaffen. Gegründet wurde er 1769 von Herzog Louis-Philippe-Joseph von Orleans, einem Cousin von König Ludwig XVI. Der Architekt der Gärten war Louis Carmonelle.

Claude-Nicolas Ledoux (Porträt von Martin Drolling 1790)

Herzog Ludwig Philipp II. Joseph von Orleans (1747-1793)

Stéphanie-Félicité de Genlis (1746-1830)

Louise-Philippe II. Joseph de Bourbon, duc d'Orleans (1747-1793) war ein Mitglied der französischen Königsfamilie und Vater des Königs Louis-Pilippe I. (in der sogenannte Julimonarchie von 1830-1848). Von 1778 bis 1790 hatte er den Posten eines Colonel générals und während der Französischen Rvolution war er Mitglied des Nationalkonvents, wo er für das Todesurteil des Königs, seines Cousins, stimmte.

1778 hatte sich der Park auf eine Größe von 12 ha vergrößert. Infolge von Streitigkeiten mit dem französischen Hof zog er nach England und beauftragte von dort den schottischen Gartenarchitekten Thomas Blaikie (1751-1838) den Park im englischen Stil zu gestalten. 1876 malte Claude Monet fünf Bilder von diesem Park, der auch in einem Gedicht von Kurt Tucholsky beschrieben wird.
Der Park gilt auch noch heute als eine beliebte grüne Oase der Stadt Paris und ist mit der Linie 2 der Pariser Metro (Station *Monceau*) zu erreichen.

Louis Carrogis CARMONELLE (1717-1806) über Herzog von Orleans (links) die Schlüssel zum Park

Das Gedicht von Kurt Tucholsky (Weltbühne „Theobald Tiger" 15.05.1924 – Nr. 20, S. 664):

Park Monceaux

Hier ist es hübsch. Hier kann ich ruhig träumen.
Hier bin ich Mensch – und nicht nur Zivilist.
Hier darf ich links gehn. Unter grünen Bäumen
sagt keine Tafel, was verboten ist.

Ein dicker Kullerball liegt auf dem Rasen.
Ein Vogel zupft an einem hellen Blatt.
Ein kleiner Junge gräbt sich in der Nasen
und freut sich, wenn er was gefunden hat.

Es prüfen vier Amerikanerinnen,
ob Cook auch recht hat und hier Bäume stehn.
Paris von außen und Paris von innen:
Sie sehen nichts und müssen alles sehn.

Die Kinder lärmen auf den bunten Steinen.
Die Sonne scheint und glitzert auf ein Haus.
Ich sitze still und lasse mich bescheinen
und ruh von meinem Vaterland aus.

Stéphanie-Félicité Du Crest, durch Heirat Comtesse de Genlis (1748-1830), kurz **Madame de Genlis** genannt, war eine französische Hofdame und Erzieherin der Kinder von Herzog Ludwig Philipp II. von Orleans und auch Schriftstellerin. 1791 flüchtete sie mit ihren Kindern nach Frankreich. Nach Madame de Genlis ist die Gattung der fleischfressende Pflanzen *Genlisea* (Reusenfallen) benannt.

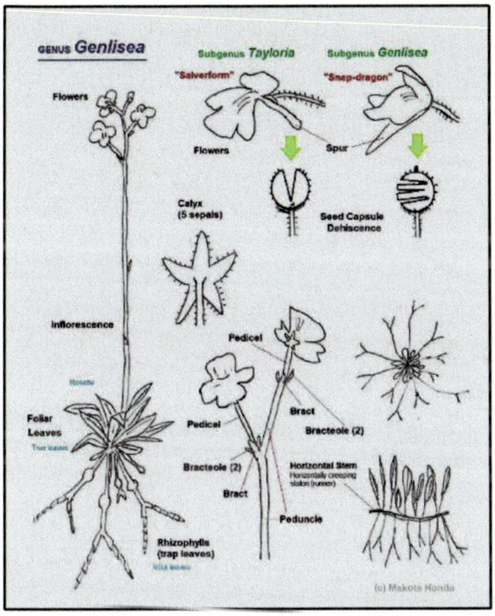

Fleischfressende Pflanzen – *Genlisea* – aus: Makoto Honda, Carnivorous Plants

Le parc Monceau 1878 – Gemälde von Claude Monet (1840-1926)

Der Park von Trianon

Es handelt sich um den Park am Lustschloss *Grand Trianon* am Schloss von Versailles bei Paris. Ludwig XIV. erwarb 1665 an der Stelle dieses Parkschlosses gelegene Dorf Trianon, um den Schlosspark von Versailles erweitern zu können. Der Park wurde von dem Architekten des Barock Jules Handouin-Mansart (1646-1708) als privater Rückzugort für den König gestaltet.

Rund um das Schloss befinden sich die barocken Gartenanlagen mit Brodderieparterres (symmetrische durchstrukturierte Beete mit zugeschnittenen Buchsbaumhecken), in denen die Blumen in der Zeit des Sonnenkönigs in tönernen Topfen gepflanzt und nicht in die Erde gepflanzt wurden, um den Blumenschmuck innerhalb kurzer Zeit austauschen zu können.

Über die Entwicklung des Gartens wird berichtet, dass Madame Pompadour ihren königlichen Geliebten Ludwig XV. ermutigt hätte, der bisher nur das Grand Trianon nutzte, zu erweitern. Der Hof-Architekt Ange-Jacques Gabriel (1698-1782) fügte einen Garten im französischen Stil – *jardin à la francaise* – hinzu. Er wurde von geometrischen Linien und Symmetrien bestimmt. Unter der Leitung von Claudius RICHARD entstanden die Gärten, welche vor allem wissenschaftlichen Zwecken dienten – mit einem Gemüseanbau, von Feigen, mit Blumen, selten Früchten und auch einer Baumschule.

Grand Trianon aus der Vogelperspektive um 1700
(1724 Gemälde von Jean-Baptiste Martin 1659-1735)

Jardin des Plantes

„Aber die grösste Wichtigkeit für Ihn hatte doch der Jardin des plantes oder Jardin du Roy.

Die berühmte Anlage entstand in der ersten Hälfte des siebzehnten Jahrhunderts, und 1640 begannen hier drei Professoren der Pharmakologie, Pharmacie und Chemie ihre ‚Demonstrationen'. Lediglich für officinelle Pflanzen bestimmt, wurde der Garten durch Fagon [Guy-Crescent Fagon, 1638-1718, Arzt und Botaniker] auch mit interessanten exotischen Gewächsen geschmückt und bereichert. Nach einander wirkten in ihm dir grossen Botaniker Tournefort [Joseph Pitton de Tournefort, 1656-1708], Vaillant

[Sébastien Vaillant, 1669-1722] und Bernard de Jussieus [1699-1777].

Guy Crecent FAGON Joseph Pitton de Tournefort Sébastien Vaillant

Als Intendant des Jardin des plantes erwarb sich Buffon mit seinem Gehilfen Daubenton grosse Verdienste. Sich von letzterem durch alle Schätze und Herrlichkeiten führen zu lassen, war für Rossseau ein ausserordentliches Vergnügen. Aber sein Herz fühlte sich vor allem zu Bernard de Jussieu hingezogen. Aus seinen Schriften kannte er in lange, jetzt traf er persönliche mit ihm zusammen.

Bernard de Jussieu Antoine-Laurent de Jussieu

An einer botanischen Excursion, die Jussieu in der dritten Julius-Woche 1770 veranstaltete, betheiligte sich auch Rousseau. [...]
Uebrigens war die Excursion nach Meudon [12 km südwestlich von Paris] die letzte, welche der greise Jussieu in seinem Leben geleitet hat. An seinen Platz trat dann sein Neffe, Antoine-Laurent de Jussieu, der 1748 in Lyon geboren, seit 1765 unter ihm sich ausbildete und 1770 Professor der Botanik am Jardin des plantes wurde. Auch mit ihm verkehrte Rousseau gern, ebenso mit André Thouin, der als Sohn des Obergärtners 1745 im Jardin du Roy geboren, sehr tüchtig als Praktiker geworden ist, und der die kostbare Sammlung der Obstbäume im Jardin du Roy geschaffen hat."

Kunstdruck

André THOUIN (1747-1825) wurde als Sohn von Jean-André Thouin (gest. 1764), *Jardinier du Cabinet du Roi* (leitender Gärtner der *Königlichen Gärten*, später der Botanischen Garten *Jardin des Plantes*) in Paris geboren. Bei Bernard de Jussieu (Bild s.o.) erhielt er seine Ausbildung in der Botanik. Der Naturforscher Georges-Luis Leclerc de BUFFON (1707-1788) bot dem 17jährigen nach dem Tod des Vaters die Stelle an. Er wurde einer der letzten Gärtner des Königs und nahm aktiv an der Französischen Revolution teil.

1793 erhielt er den Lehrstuhl eines Professors für Kultur (Land-, Garten-, Obst- und Waldbau) des neu gegründeten Nationalen Museums für Naturgeschichte. Er inventarisierte zusammen mit René Desfontaines (1750-1833, ab 1786 Prof. für Botanik am Jardin des Plantes) die enteigneten Gärten der Aristokratie.

Mit André Thouin und dem jüngeren de Jussieu, „gefolgt von 17 anderen Herren, dem ganzen Trosse des botanischen Gartens“, unternahm Rousseau im Sommer 1771 „eine Fahrt auf Pflanzen nach Montmorency. Rousseau brannte auf Plantago uniflora, (Litorelle lacustris)... Er ging sofort nach dem Teiche, wo sie, wie Tournefort, Vaillant und Bernard de Jussieu behaupteten, gar reichlich vorkäme.

Europäischer Strandling (*Littorella uniflora*) – aus: J. Sturm, Deutschlands Flora in Abbildungen, Band 11, Tafel 58 (1796)

Der Europäische Strandling ist eine Pflanzenart aus der Familie der Wegerichgewächse und ist selten geworden (stärkste Verbreitung in Deutschland noch in den Oberharzer Teichen). Er kommt in nährstoffarmen Stillgewässern vor. Die Erstveröffentlichung durch Linné 1753 erfolgte unter dem Namen *Plantago uniflora* und wurde 1864 durch Paul Ascherson (1834-1913) zu *Litorella uniflora* (L.) ASCH. umbenannt.

Fortsetzung JANSEN:

„Rousseau, Thouin und Antoine-Laurent de Jussieu liefen Stunden lang um das Wasser herum, sahen sich die Augen aus und fanden auch nicht ein Pflänzchen Plantago uniflora. Ermüdet und erschöpft lagerten sie sich unter einen Baum und fassten das Ergebnis ihrer Forschung dahin ab, dass Plantago uniflora von seinem ehemaligen Standorte vollständig verschwunden wäre. Die Erscheinung ist nicht selten; Rousseau constatierte sie auch für Gentiana filiformis bei Trye und tröstete sich damit, dass er andere Pflanzen entdeckte, welche vor ihm recht grosse Botaniker nicht genannt und also wohl auch nicht gesehen hätten. Als bemerkenswert für die Flora von Montmorency hob er folgendes hervor:

Osmunda regalis (Königsfarn), Lythrum hyssopifolia [Ysopblättriger Weiderich], Lysimachia tenella [Zarter Gauchheil], Peplis portula [Sumpfquendel], Drosera rotundifolia [Rundblättriger Sonnentau], Cyperus fuscus [Braunes Zypergras], Schoenus nigricans [Schwarzes Kopfried] und Hydrocotyle vulgaris oder Wassernabel, der ohne jede Blüthe mit einigen kleinen, spärlichen Blättern wüchse."

Königsfarn (Nordens flora 1917)

Ysopblättriger Weiderich
n. Nikolaus Joseph von Jacquin (1727-1817)

Der *Königsfarn*, auch Gewöhnlicher Rispenfarn oder Königs-Rispenfarn genannt, ist die einzige europäische Art der Gattung Königsfarne und kommt bevorzugt in Bruchwäldern, an feuchten, schattigen Waldrändern vor – er gilt als Nässezeiger.

Der *Ysopblättrige Weiderich* – auch Ysop-Blutweiderich genannt – ist eine Pflanzenart aus der Gattung der Blutweideriche in der Familie der Weiderichgewächse. Er ist in Mitteleuropa selten und gefährdet.

Zarter Gauchheil

Sumpfquendel links oben: 2; und Blutweiderich (Sturm: Flora 1796)

Der *Zarte Gauchheil* ist eine Pflanzenart aus der Gattung Gauchheil (Anagallis) in der Familie der Primelgewächse. Von Linné wurde er als *Lysimachia tenella* in die Gattung Gildweideriche (Lysimachia) gestellt, heute auch als *Anagallis terella* bezeichnet. Die damaligen Probleme der Nomenklatur sind offensichtlich auch im 21. Jahrhundert noch nicht völlig behoben.

Der *Sumpfquendel* ist eine Pflanzenart aus der Gattng der Blutweideriche in der Familie der Weiderichgewächse und besiedelt wechselnasse, kalkarme Standorte.

Rundblättriger Sonnentau (unbek. Künstler)

A.Schwarzbraunes Cypergras (Thomé, Flora)

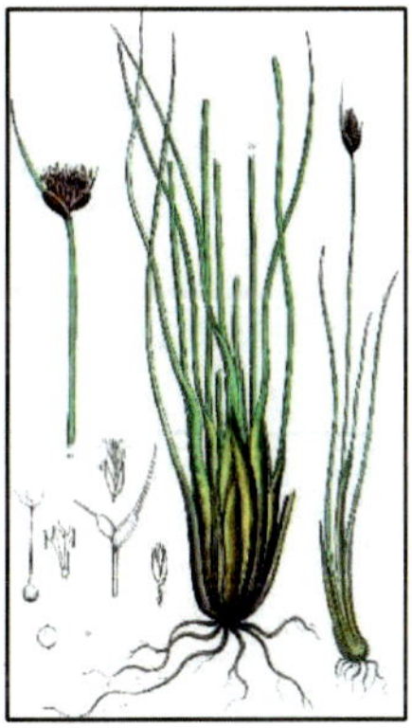

Schwarzes Kopfried

Gewöhnlicher Wassernabel (Thomé, Flora)

Der *Rundblättrige Sonnentau* wird auch Himmelstau, Herrgottslöffel, Himmelslöffelkraut, Bullenkraut und Widdertod genannt und gehört zu den fleischfressenden Pflanzen und bedarf vollsonniger Standorte auf nassen Böden.

Braunes Zypergras, auch Schwarzbraunes Zypergras genannt, gehört zur Gattung der Zpyergräser in den Familie der Sauergrasgewächse. Es wächst an Flussufern, auch Teichböden.

Das *Schwarze Kopfried,* auch Kopfbinse bzw. Schwärzliche Kopfbinse genannt, gehört zur Gattung der Kopfriede in der Familie der Sauergrasgewächse. Er kommt an Ufern, Kalkflachmooren an nassen Böden vor. Die Herkunft der Bezeichnung *Schoenus* im lateinischen Namen wird nach Wittstein (Etymologisch-botanisches Handwörterbuch 1856) auf das griech. Wort, was auch „Strick" bedeute und die Verwendung der Blätter zu Flechtwerk und zum Binden anzeige.

Der *Gewöhnliche Wassernabel* in der Gattung Wassernabel gehört zur Familie der Araliengewächse und ist eine Sumpfpflanze. Er gilt als giftig und für Schafe schädlich.

Die Kurzbeschreibungen dieser von Rousseau am Teich von Montmorency entdeckten Pflanzen zeigen, dass es sich bei allen um feuchtigkeitsliebende Arten handelt.

Und JANSEN berichtet auch:

„Dicht vor den Thoren der Stadt fand er Centaurea Cyanus [Kornblume], und Lithospermum arvense [Acker-Steinsame], während er sich nach Lithospermum purpureo-caerulum [Blaurote Steinsame] vergeblich umschaute. Die Balsaminen in der freien Flur, die Regnault für einheimisch hielt, waren nach Rousseaus's Ueberzeugung aus den Gärten hierher versprengt. In den Weinbergen bemerkte er in Unmasse die kulturschädliche Aristolochia clematis [Gewöhnliche Osterluzei], von welcher der genannte Schriftsteller behauptete, dass sie nur in heissen Klimaten vorkäme. Ebendort sah er Anethum Foeniculum [Dill] und in den Ritzen und Spalten des Terassen-Mauerwerkes Antirrhinum majus [Großes Löwenmaul]. Die hohen Seine-Ufer unterhalb des Palais Bourbon trugen hier und da Coriandrum sativum [Koriander], wie es auch sonst in Frankreich wuchs, und doch sollte es nach Regnault blos den Wiesen Italiens angehören. Auch Galega officinalis [Geißraute] wurde diesem Lande zugesprochen, und doch bedeckte es den Park von Saint-Cloud und gedieh auch sonst auf fettem und sonnigen Böden. Die Hügel von Ménilmontant hatten viel Bupleurum rotundifolium [Rundblättriges Hasenohr], dieseits Platin und um Clignancourt herum stand in Menge Ammi majus [Große Knorpelmöhre], das immer gestreift, aber glatt und ohne Härchen war. Für beachtenswerth hielt Rousseau die Mittheilung, dass eine Frau Jars in Stain eine Wiese mit Bellis perennis [Gänseblümchen] ganz erfolglos besäet hätte, während die Blume auf benachbarten Wiese gar mächtig von selber wucherte."

Einige der genannten, aber weniger bekannten Pflanzen werden im Folgenden in Bild und Text kurz näher vorgestellt:

Acker-Steinsame

Blaurote Steinsame

Echte Geißraute

Der *Acker-Steinsame*, auch Acker-Rindszunge genannt, gehört zur Gattung der Rindszungen (*Buglossoides*) in der Familie der Raublattgewächse – früher wurde er der Gattung Steinsamen (*Litohspermum)* zugeordnet.
Der *Blaurote Steinsame* ist eine Unterart (von nur zwei Unterarten) – als *bläulicher Acker-Steinsame* (*Buglossoides arvensis* subsp. *sibthorpiana* oder *B. arvensis* var. *coerulescens*); er kommt in Trockenrasen und trockenen Kieferbeständen vor.
Die *Geißraute*, auch Echte Geißraute oder Bockskraut genannt, ist die einzige in Mitteleuropa heimische Art der Gattung *Galega* in der Unterfamilie Schmetterlingsblütler in der Familie der Hülsenfrüchtler. Sie gilt als Bienenweide.

Osterluzei

Rundblättriges Hasenohr

Große Knorpelmöhre

Die *Gewöhnliche Osterluzei* oder Aufrechte Osterluzei war im Altertum eine Heilpflanze, beispielsweise bei der Behandlung von Wunden.
Das *Rundblättrige Hasenohr* innerhalb der Gattung Hasenohren gehört zur Familie der Doldenblütler.

Die *Große Knorpelmöhre* gehört ebenfalls zur Familie der Doldenblütler. Es handelt sich um eine krautige Pflanzenart von kurzer Lebensdauer (Therophyt genannt).

Und Rousseus botanische Exkursionen in und um Paris zusammenfassend schrieb JANSEN:

„Ich weiss nicht, wie weit der rüstige Fusswanderer ostwärts von Paris gekommen ist. Im Norden gieng er bis Montmorency, im Westen bis Versailles, Trianon und Saint-Germain, und im Süden bis nach Sceaux, dessen Park von Le Nôtre geschaffen und von Girardon und Puget mit Statuen geschmückt war."

Der Biologe Roger de Vilmorin (1905-1980) schrieb zum Aufenthalt in Paris (zitiert von M. Soëtard, 2012, S. 98):

„Mit der Lupe in der Hand erkundete er den Garten des Königs, den Trianon, die Wälder von Meudon, Montmorency, Vincennes und Boulogne, den Park von Saint-Cloud. Am Abend widmete er sich stundenlang dem Bestimmen, Präparieren und Trocknen der zuvor gesammelten Exemplare, wobei er diesen Arbeiten die peinlichste Sorgfalt angedeihen ließ. Bei diesem Präparieren empfand er eine lebhafte Freude, benutzte oft verschiedenartige Papier, um die Formen der Pflanzen und die Farben ihrer Blüten und Blätter besser zur Geltung zu bringen. Wenn es keine blühenden Pflanzen mehr gabe, setzte er nichtsdestoweniger seine Spaziergänge fort, sammelte dann Moose und sogar Flechten, bescheidene Sporenpflanzen, für die er sich trotz der Schwierigkeiten bei ihrer Bestimmung lebhaft interessierte, weil sie ihm gestatteten, seine Pflanzenstudien auch mitten im Winter zu betreiben, und auch deshalb, weil sie häufig an Baumstämmen wachsen und ihn in Zeiten, in denen ihm seine Gesundheit zu schmerzhaften Kummer bereitete, der Anstrengung enthoben, sich zu bücken."

Rousseau's *Briefe über die Botanik*

J. J. Rousseaus
Botanik
für
Frauenzimmer
in Briefen
an die Frau von L**.
Aus dem Französischen übersetzt.
Frankfurt und Leipzig, 1781.

Mit „Frau von L**" bzw. „Madame de L.****" (in der französischen Originalfassung) ist Madame Madeleine-Catherine DELESSERT (de Lessert; 1747-1816), geb. Boy de la Tour, gemeint. Geschrieben wurden die Briefe (bzw. datiert sind sie) auf die Zeit vom 22. August 1771 bis 11. April 1773.
Der Titel der Übersetzung vor dem Ersten Brief lautet: „Anfangsgründe der Botanik..." – Er richtet sich mit den Anrede *Liebe Cousine*, an deren Tochter.

Erster Brief

Er beinhaltet den Vorschlag, eine kleine Anzahl von Pflanzen, welche das junge Mädchen vom Ansehen kennen schon gelernt hätte, zum Vergleich zu verwenden, um dadurch ihre Kenntnisse noch zu erweitern. Solche Pflanzen zu nennen, hält Rousseau aber für nicht möglich bzw. sinnvoll – und für die Tochter auch als langweilig. Er schlägt daher vor, *sich lieber einige vorläufige Kenntnisse von der Bildung oder dem Bau der Pflanzen zu verschaffen.*

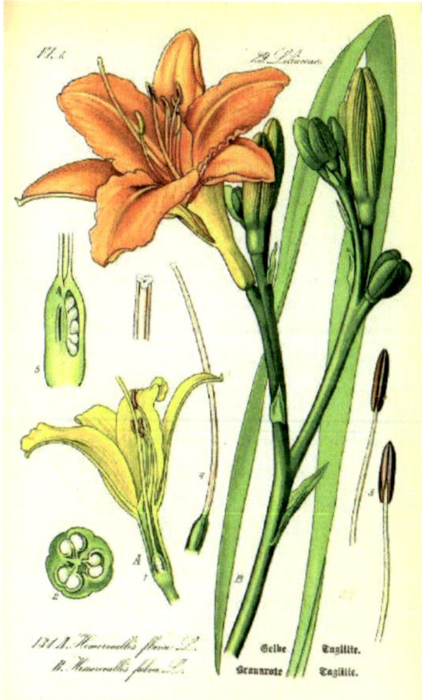

Taglilie (*Hemerocallis fulva*)

Acker-Winde (*Convovulus arvensis* L.)

Am Beispiel der Lilie (hier als gelbe bzw. braunrote und nicht weiße) im Vergleich zur Winde beschreibt er eine BLÜTE (von ihm *Blume* genannt):

Nehmen Sie die Lilie. Ich glaube, daß Sie jetzt noch welche in voller Blüte finden werden. Ehe sie sich öfnet sehen Sie an der Spitze des Stengels eine lage, grünliche Knospe, die immer weisser wird, je mehr sie sich dem Aufblühen nähert; wenn sie nun völlig aufgeblühet ist, so sehen Sie, daß ihre weiße Einfassung die Gestalt eines in verschiedne Durchschnitte getheilten Kelches hat. Dieser entwickelnde und gefärbte Theil, der bey der Lilie weiß ist [im Bild gelb bzw. braunrot, jedoch als Beispiel für die Anatomie], *heißt die Krone, nicht, wie man gemeiniglich sagt, die Blume, denn die Blume ist ein Inbegriff verschiedene Theile, von welchem die Krone nur der vornehmste ist.*

Die Krone der Lilie bestehet, wie man leicht sieht, nicht aus einem Stücke. Wenn sie verwelker und abfällt, so zerfällt sie sechs einzelne Stücke [s. Abb. oben], *welche die Blumenblätter (Petala) heißen. Also ist die Krone der Lilie aus sechs Blumenblättern zusammengesetzt. Jede Blumenkrone nun, die aus verschiednen Blättern besteht, heißt eine vielblättrige (Polypetala) Krone. Wenn aber die Krone nur aus einem einzigen Stück bestehet, wie z. B. bey der Winde* [s. Abb. Ackerwinde oben], *so heißt sie einblättrig (monopetala). Lassen Sie uns nun wieder auf unsere Lilie zurückkommen.*

In der Krone werden Sie genau in der Mitten eine Art einer kleinen Säule, due auf den Boden festsitzet und mit der Spitze gerade in die Höhe gerichtet ist, finden. Diese Säule im Ganzen heißt der Stempsel (Pistillum): einzeln betrachtet aber, theilt sie sich in drey Theile. 1) In einem dicken und walzenförmigen Fuß oder Bassin, mit drey rund herum abgerundeten Ecken. Diese Fuß heißt der Fruchtknoten (Germen). 2) In einem Faden, der auf dem Fruchtknoten steht. Dieser Faden heißt der Griffel (Stylus). 3) Dieser Griffel ist mit einer Art von Knospe mit drey Ausschnitten gekrönet. Diese Knopf heißt die Narbe (Stigma). Daraus besteht nun also der Stempsel mit seinen drey Theilen.

Zwischen dem Stempsel und der Blumenkrone finden Sie ferner sechs andere genau unterschiedne Körper, welche die Staubfäden (Stamina) heißen. Jeder Staubfaden besteht wieder aus zwey Theilen; nemlich einen der dünner ist, und durch welchen der Staubfaden auf dem Boden der Blumenkrone befestigt ist, und der der Träger (Filamentum) heißt; denn einen andern der dicker ist und an der obern Spitze des Trägers befestigt ist, dieser heiß der Staubbeutel (Anthera). Jeder Staubbeutel ist eine kleine Büchse, welche sich, wenn sie reif ist, öfnet und einen gelben stark riechenden Staub ausstreuet, von welchem wir in der Folge reden wollen. Dieser Staub haz bis jetzt in der französischen Sprache noch keinen eigenen Namen, bey den Botanikern heißt er Pollen, in der deutschen Sprache Blumenstaub.

Das ist also die größere Zergliederung der Blumentheile…"

Dieses Beispiel steht für die anschauliche und ausführliche Darstellung aller Pflanzenteile.

Auch in den folgenden Briefen beschäftigt sich Rousseau sehr anschaulich mit der Pflanzenanatomie. Die genannten Beispiele werden in dem Buch „Botanisieren mit Jean-Jacques Rousseau. Die Lehrbriefe für Madeleine. Das Herbar für Julie“ (Thun 2003), herausgegeben und übertragen von Ruth Schneebeli-Graf durch Zeichnungen von Richard Keller dargestellt:

- Zweiter Brief: **Kreuzblütler** *Turm-Gänsekresse* (Pseudoturritis turrita L., Syn. Arabis turrita)*, Turmkraut* (Turritis glabra, Syn. Arabis glabra), *Brunnenkresse* (Nasturtium officinale)
-

Turm-Gänsekresse Echtes Turmkraut Echte Brunnenkresse
(alle Abb. aus Thomé, Flora)

- Dritter Brief: **Schmetterlingsblütler** *Garten-Erbse* (Pisum sativum), *Besenginster* (Cytisus scoparius), *Blasenstrauch* (Colutea arborescena)

Garten-Erbse Besenginster (Köhler's M.Pfl.) Blasenstrauch
(Thomé, Flora: links u. rechts)

- <u>Vierter Brief</u>: **Lippenblütler** *Klebriger Salbei* (Salvia glutinosa), *Bunter Hohlzahn* (Galeopsis speciosa), *Sumpf-Helmkraut* (Scutellaria galericulata L.), *Zitronen-Melisse* (Melissa officinalis)

 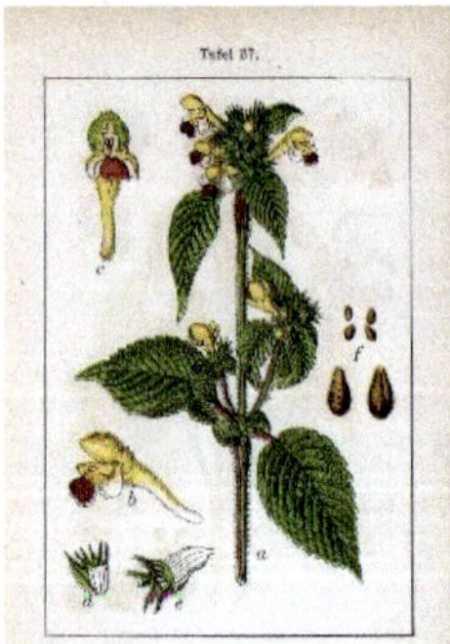 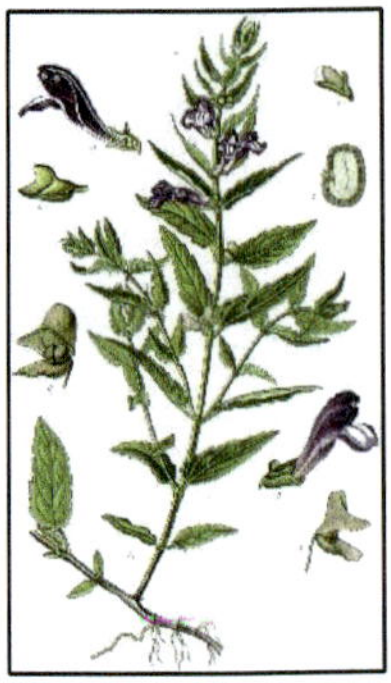

Klebriger Salbei Bunter Hohlzahn Sumpf-Helmkraut
(beide Abb.: Sturm, Deutschlands Flora 1796) (Thomé, Flora 1906)

Zitronenmelisse (Thomé, Flora 1885)

Rachenblütler [die genannten Pflanzen werden heute auf Grund molekularbiologischer Daten überwiegend den *Wegerichgewächsen* zugeordnet]

Gelber Fingerhut (Digitalis lutea), *Hunds-Braunwurz* (Scrophularia canina - Braunwurzgewächs), *Zimbelkraut (*Cymbalaria muralis, Syn. Linaria cymbalaria), *gewöhnliches Leinkraut* (Linaria vulguaris), *Farnblättriges Läusekraut* (Pedicularis lapponica – Familie Sommerwurzgewächse), *Ähriger Ehrenpreis* (Veronica spicata, neu: Pseudolysimachion spicata), *Felsen-Ehrenpreis* (Veronia fruticans), *Gauklerblume* (Minulus guttatus)

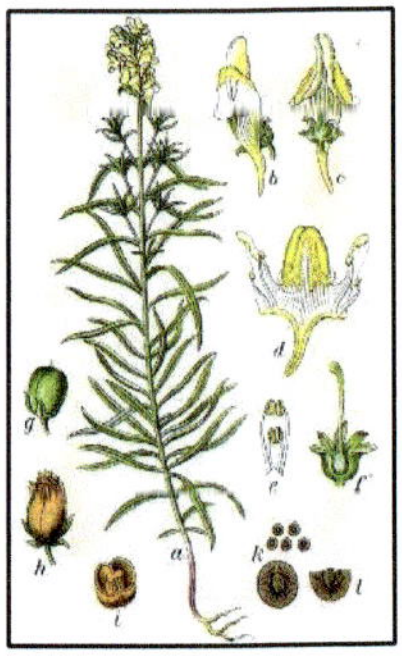

Gelber Fingerhut Hunds-Braunwurz Zimbelkraut Gew. Leinkraut
(aus: Sturm, Deutschlands Flora 1796)

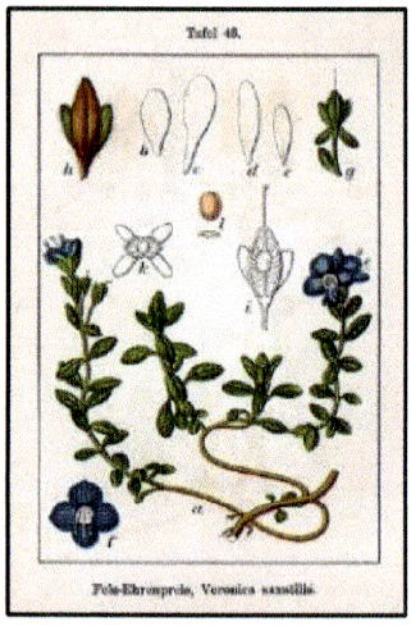

Farnblättriges Läusekraut (Lindman, Nordens Flora)
Ähriger Ehrenpreis (Flora Pariensis 1776)
Fels-Ehrenpreis (Sturm 1796)
Gauklerblume (Thomé, Flora)

- Fünfter Brief: **Doldenblütler** *Möhre* (Daucus curata), *Meisterwurz* (Peucedanium ostruthium, Syn. Imperatoria ostruthium), *Große Sterndolde* (Astrantia major), *Rundblättriges Hasenohr* (Bupleurum rotundifolium L.)

Möhre (Thomé, Flora) | Meisterwurz (Köhler's Med.Pfl.) | Große Sterndolde (Thomé, Flora) | Rundbl. Hasenohr (Flora Batava)

- Sechster Brief: **Korbblütler** *Weiße Margarite* (Leucantheum vulgare), *Wiesen-Flockenblume* (Centaurea jacea), *Kugeldistel* (Echinops sphaerocephalus), *Kratzdistel* (Cirsium arvense), *Edelweiß* (Leontopodium nivale), *Wermut* (Artemisia absinthum)

Margarite | Flockenblume | Kugeldistel | Kratzdistel

Alpen-Edelweiß

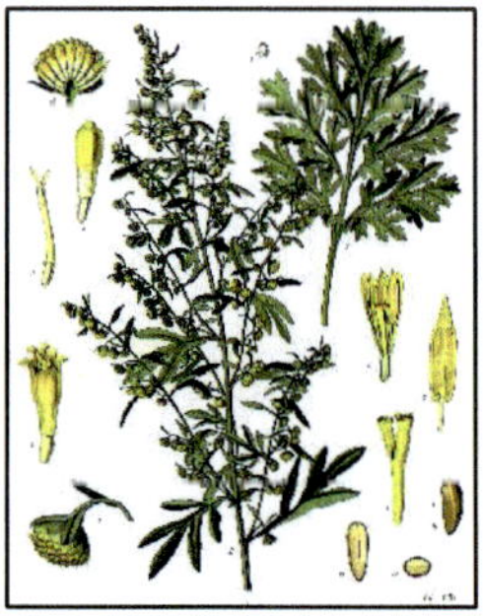

Wermut

- <u>Siebenter Brief</u>: „Ueber die Fruchtbäume“ **Rosengewächse** *Echte Hagrose* (Hundsrose: Rosa canina), *Holzapfel* (Malus silvestris), *Traubenkirsche* (Prunus padus L.), *Alpen-Heckenrose* (Rosa pendulina) , *Vogel-Kirsche* Prunus avium), *Birnbaum* (Pyrus communis), *Vogelbeerbaum* (Sorbus auscuparia), *Mehlbeerbaum* (Sorbus aria).

Hundrosa

Holzapfel

(beide aus: Thomé, Flora)

Traubenkirsche
(Nordens Flora)

Alpen-Heckenrose
(Atlas der Alpenpfl.)

Vogel-Kirsche (Flora nordens) | Birnbaum | Vogelbeere (beide Thomé, Flora) | Mehlbeere (Sturms Med.Pfl.)

- <u>Achter Brief</u>: „**Ueber die Kräutersammlungen**“ (11. April 1773)

Der Text wird hier in Auszügen zitiert, da er zugleich die Vorgehensweise von Rousseau für die Anlage seiner eigenen Herbarien beschreibt:

„[...]

Sie müssen also jetzt lernen, die Pflanzen, oder Zweige der Pflanzen, so bereiten, trocknen und aufbewahren, daß man sie leicht erkennen und bestimmen kann. Mit einem Wort, ich schlage Ihnen vor, eine Kräutersammlung anzufangen. (...)

Zuerst müssen Sie sich allerley Vorrath anschaffen; nemlich fünf oder sechs Buch Löschpapier, und beynahe eben so viel weisses Papier, von der nemlichen Größe, ziemlich stark und gut geleimet, sonst würden die Pflanzen auf dem Löschpapier verfaulen, oder die Blumen würden wenigstens ihre Farbe drauf verlieren, welches doch einer der Theile ist, die sie kenntlich machen, und durch welche auch eine Kräutersammlung dem Auge angenehm ist. Noch wäre zu wünschen, daß Sie auch eine Presse, von der Größe Ihres Papiers, hätten, oder wenigstens zwey Stükken Bret[t] von gleicher Größe, so daß, wenn Sie Ihre Blätter zwischen beyde legen, Sie sie durch Steine oder andre schwere Körper, die Sie auf das obere Bret[t] legen, zusammendrükken können. Wenn Sie nun diese Zubereitungen gemacht haben, so müssen Sie, um Ihre Pflanzen so zu bereiten, daß Sie sie aufheben und erkennen können, folgendes beobachten.

Die Zeit, eine Pflanze dazu zu wählen, ist, wenn sie in voller Blüte steht, und wo einige Blumen [Blüten] schon anfangen abzufallen, um der Frucht, die zu erscheinen anfängt, Platz zu machen. In diesem Augenblick, da alle Fruchttheile sichtbar sind, muß man sich bemühen die Pflanze zu sammlen und in diesem Zustand aufzutrocknen.

Die kleinen Pflanzen nimmt man immer ganz; mit ihrer Wurzel, welche man mit einer kleinen Bürste gut reiniget, damit keine Erde daran bleibt. Wenn die Erde naß ist, so läßt man sie trocknen, um sie abbürsten zu können, oder man wäscht auch die Wurzel; man muß aber alsdann ja genau Acht geben, daß man sie gut abwischt und trocknet, ehe man sie zwischen das Papier legt, sonst würde sie unfehlbar faulen und ihre Fäulniß den benachbarten Pflanzen mittheilen. Man muß sich jedoch kein Gesetz daraus machen, die Wurzeln der Pflanzen allemal mit aufzubewahren, ausser wenn sie etwas besonders Merkwürdiges haben; denn bey den meisten sind sich die ästigen und saftigten Wurzeln so ähnlich, daß es nicht der Mühe belohnt sie aufzuheben. Die Natur, die so viel für die Schönheit und Zierde der Pflanzen, in Absicht der Gestalt und Farbe der Theile, die in die Augen fallen, gethan hat, hat die Wurzeln blos zum Nutzen bestimmt: denn da sie unter der Erde versteckt sind, und sie ihnen doch hätte eine angenehme Bildung geben wollen, so hieße dies das Licht unter den Scheffel verstekken.

Von Bäumen und allen großen Pflanzen nimmt man nur Stückgen. Aber diese Stückgen müssen auch so gut gewählet seyn, daß sie alle Theile, die das Geschlecht und die Art bezeichnen, enthalten, damit es hinreiche, die Pflanze, von der es genommen ist, zu erkennen und zu bestimmen. Es ist nicht hinreichend, daß alle Fruchtheile daran sichtbar sind, dies würde nur dienen, das Geschlecht zu unterscheiden, man muß auch die Kennzeichen der Blätter und Zweige, das heißt, ihre Entstehung und Gestalt gut daran sehen, und sogar, wenn es möglich ist, ein Bischen von dem Stamme; denn dies alles dient, wie Sie in der Folge sehen werden, dazu die verschiedenen Arten des nemlichen Geschlechtes, die sich in der Blume und Frucht vollkommen gleich sind, zu unterscheiden. Wenn die Zweige zu dick sind, so macht man sie dadurch dünner, daß man mit einem Messer oder Federmesser etwas von ihrer Dikke von untenauf abschälet, so viel nemlich geschehen kann, ohne daß die Blätter mit abgeschnitten und verstümmelt werden. Es giebt Botaniker, welche die Geduld haben, die Rinde aufzuschneiden und sie geschickt vom Holze abzuschälen, so daß hernach die wieder zusammengesetzte Rinde den ganzen Zweig vorstellt, ohngeachtet das Holz nicht mehr drinnen ist. Auf diese Art hat man inzwischen den Papieren nicht solche dikke und so sehr hökkrige Stellen, welche die Kräutersammlung verderben und verunstalten, und machen, daß die übrigen Pflanzen übel aussehen. Von denen Pflanzen, wo die Blumen und Blätter nicht zu einer Zeit kommen, oder zu weit von einander entfernt stehen, nimmt man einen kleinen Zweig mit Blumen oder einen kleinen Zweig Blätter; wenn man nun beyde auf ein Papier klebt, so zeigt man dem Auge die verschiedenen Theile der Pflanzen auf eine zum Erkennen hinlängliche Art. Die Pflanzen, von denen man blos die Blätter findet, und deren Blumen entweder noch nicht da, oder schon vorbey sind, muß man nicht nehmen, und, um sie zu erkennen, warten, bis sie auch ihr Gesicht zeigen. Denn man kann die Pflanzen an ihren Blättern nicht sicher erkennen, als einen Menschen an seinen Kleidern.

Dies ist also die Wahl, die man in dem, was man pflückt, beobachten muß: man muß aber auch eine beobachten in der Zeit, in welcher man sie pflückt. Die Pflanzen, die man des Morgens noch mit dem Thau, oder des Abends in der Feuchtigkeit, oder man Tage, wenn es regnet, pflückt, die halten sich nicht. Man muß durchaus eine trockne Zeit dazu wählen, und selbst in dieser noch den trokkensten und heißesten Zeitpunkt des ganzen Tages, welcher im Sommer so zwischen 11 Uhr des Vormittags und 5 oder 6 Uhr des Abends ist. Auch alsdann noch, wenn man die geringste Feuchtigkeit an ihnen findet, muß man sie stehen lassen; denn sie verderben ganz gewiß.

Wenn Sie nun ihre Zweige gesammelt haben, so tragen Sie sie gut trokken nach Hause, um sie auf Ihr Papier zu legen und in Ordnung zu bringen. Zu dem Ende machen Sie erst eine Unterlage von zwey Bogen Löschpapier, auf dieses legen Sie ein Blatt weißes, und auf dieses Blatt legen Sie dann Ihre Pflanze, aber so, daß Sie genau Acht haben, daß alle ihre Theile, besonders die Blätter und Blumen, hübsch offen und ausgebreitet in ihrer natürlichen Stellung zu liegen kommen. Wenn die Pflanze schon ein wenig, doch nicht zu sehr, welk ist, bleibt sie gemeiniglich besser in der Lage liegen, die man ihr durch Hülfe des Daums und der Finger auf dem Papier giebt. Aber es giebt doch Widerspänstige unter ihnen, die sich auf der einen Seite wieder zusammenkrümmen, wenn man sie auf der andern zurechtlegt. Um diese Unbequemlichkeit zu verhüten, habe ich Stükken Bley oder schwere Münzen, mit welchen ich die Theile, die ich eben in Ordnung gebracht habe, beschwere, unterdessen daß ich die anden auch zurechtlege, so daß, wenn ich fertigt bin, meine Pflanze fast ganz mit solchen Stükken, die sie in ihrer Lage halten, bedeckt ist. Hernach legt man ein zweites Blatt weiß Papier auf das erste, drückt es mit der Hand, um die Pflanze in der Lage zu halten, die man ihr gegeben hat, und so wie man mit der rechten Hand des Bley und die Stükken Geld zwischen den Papieren wegnimmt, so rückt man mit der Linken vorwärts und drückt immer; alsdenn legt man wieder zwey andere Bogen Löschpapier auf den zweyten weissen, ohne jedoch einen Augenblick aufzuhören, die Pflanze beschwert zu halten, damit sie nicht etwan die empfangene Lage wieder verändere; auf dieses Löschpapier legt man abermals ein Blatt weisses; auf dieses weisse wieder eine Pflanze, die man eben so zurechtlegt und beschwert wie die vorhergehende, und sofort, bis die ganze Erndte, die man nach Hause gebracht hat, so gelegt ist. Man darf nicht viel mit einemmal auflegen; sowohl um die lange Dauer der Arbeit zu vermeiden, als auch aus Furcht, daß während des Trocknens derselben das Papier, ihrer großen Anzahl wegen, feucht werden mögte; welches Ihre Pflanzen unvermeidlich verderben würde, wenn Sie nicht eilten, sie mit aller vorhin erwähnten Vorsicht wieder auf frisches Papier zu legen; dies müssen

Sie ohndies auch von Zeit zu Zeit thun, so lange bis sie sich nicht mehr falten und alle ganz trocken sind.

Wenn nun Ihr Stos Papier und Pflanzen so eingerichtet ist, muß er gepreßt werden, sonst würden sich die Pflanzen krümmen; manche müssen mehr, manche weniger gepreßt werden; die Erfahrung wird Ihnen dies, so wie auch, daß Sie zu rechter Zeit, so oft nemlich als es nöthig ist, und ohen sich unnöthige Arbeit zu machen, das Papier wechseln, lehren. Wenn endlich Ihre Pflanzen gut trokken sind, so legen Sie jede reinlich zwischen einen Bogen Papier, und da legen Sie einen über den andern, ohne Papier dazwischen zu legen; so werden Sie eine angefangene Kräutersammlung haben, die sich beständig mit Ihren Kenntnissen vermehren und endlich die Geschichte aller Pflanzen des Landes enthalten wird. Uebrigens muß eine Kräutersammlung allzeit wohl verwahrt und ein wenig gepreßt gehalten werden; sonst würden die Pflanzen, wenn sie auch noch so trokken wären, doch die Feuchtigkeit aus der Luft an sich ziehen und sich noch krümmen.

Nun will ich Ihnen auch noch den Gebrauch dieser ganzen Arbeit, um zur Kenntniß der einzelnen Pflanzen zu gelangen, und uns, wenn wir von ihnen sprechen, gut zu verstehen, anzeigen.

Sie müssen von jeder Pflanze zwey Zweige pflükken; einen großen zum Aufheben, und einen kleinern mir zu schikken. Diese müssen Sie sorgfältig nummeriren, so daß der große und kleine Zweig jeder Art allezeit einerley Nummer hat. Wenn Sie nun ein oder ein Paar Dutzend so abgetrockneter Arten haben, so schikken Sie mir sie in Form eines kleinen Hefts gelegentlich zu. Ich werde Ihnen dann die Namen und Beschreibung der nemlichen Pflanzen schikken, und durch Hülfe der Nummern werden Sie sie in Ihrem Kräuterbuche erkennen, und von da auch auf der Erde, wo ich schon voraus setze, daß Sie sie vorher gut untersucht haben. Dies ist also ein gewisses Mittel, so sicher und schnelle Schritte in dieser Wissenschaft zuthun, als es, weit von Ihrem Führer entfernt, möglich ist."

An diesen achten Brief schließen sich in der Übersetzung von 1781 zwei weitere Briefe an, die an einer *Herrn von M**** gerichtet sind:
Der erste Brief hat die Überschrift:

Ueber das Format der Kräutersammlungen (Herbarium) *und über die gleichbedeutenden Namen.*

Darin berichtet Rousseau auch über das Sammeln von Moosen:

„Ich bin diesen Winter ein einzigesmal Kräutersammeln gegangen in das Gehölze von Boulogne [*Bois de Boulogne* – Wald und Park im Arrondissement XVI im Westen von Paris], und habe von da einige Moose mitgebracht. Man darf aber nicht erwarten alle Geschlechter vollzählig zu bekommen, ja selbst nicht einmal von jedem eine Art. Es giebt welche unter ihnen, die sehr schwer in eine Kräutersammlung zu bringen sind, und es giebt auch so seltene unter ihnen, die ich niemals gesehen habe, sie auch wahrscheinlicherweise niemals sehen werde. [...]"

In diesem Brief berichtet Rousseau auch über seine Exkursion mit JUSSIEU, die schon erwähnt wurde.
In Bezug auf die Systematik und Nomenklatur in der Botanik seiner Zeit schreibt er:

„Ich habe angefangen, die Anthologie des Pontedera zu lesen, und ich finde in ihr die Einwände wider das Geschlechtssystem, die mir ziemlich stark scheinen, und von denen ich nicht einsehe, wie sich Linné herausgezogen hat. Ich gerathe öfters in die Versuchung in diesen und die andern Schriftsteller die Namen des Linné neben die ihrigen zu schreiben, um mich nicht in ihnen zu irren. Bey einigen hab' ich sogar schon dieser Versuchung unterlegen, da ich für das Buch nichts als Vortheil daraus sehe. (...)"

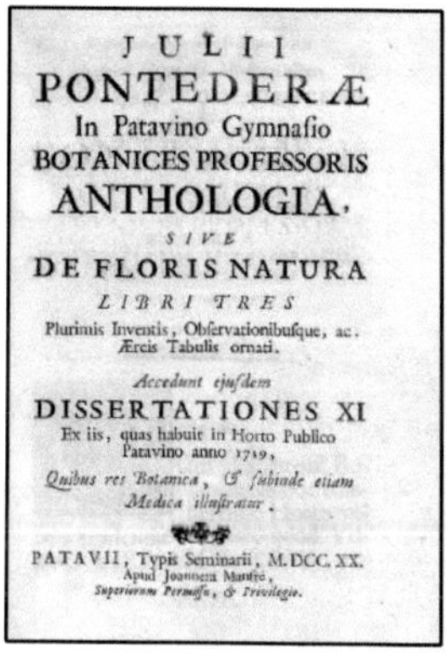
JULII
PONTEDERÆ
In Patavino Gymnaſio
BOTANICES PROFESSORIS
ANTHOLOGIA,
SIVE
DE FLORIS NATURA
LIBRI TRES
Plurimis Inventis, Obſervationibuſque, ac
Æreis Tabulis ornati.
Accedunt ejuſdem
DISSERTATIONES XI
Ex iis, quas habuit in Horto Publico
Patavino anno 1719,
Quibus res Botanica, & ſubinde etiam
Medica illuſtratur.
PATAVII, Typis Seminarii, M.DCC.XX.
Apud Joannem Manfrè,
Superiorum Permiſſu, & Privilegio.

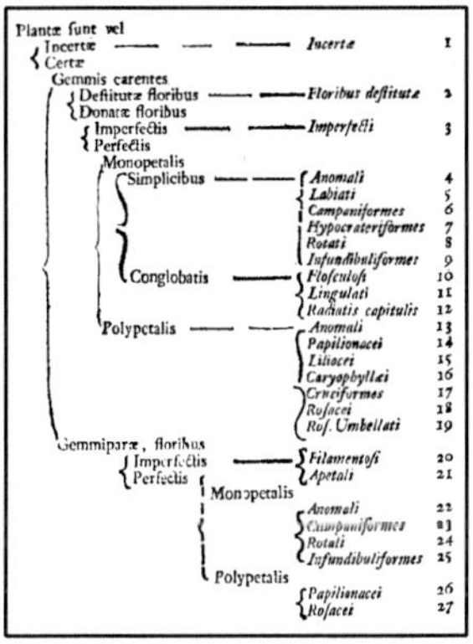

Die genannte *Anthologie* stammt von dem italienischen Botaniker Giulio PONTEDERA (1688-1757). In seiner Anthologie von 1720 kritisierte er die Idee von der Sexualität der Pflanzen. Linné bildete den Schlüssel zur Systematik von Pontedera in seinem Werk *Classes Plantarum* (1738) ab und benannte ihm zu Ehren die Gattung Pontederia der Pflanzenfamilie der Wasserhyazinthengewächse (Pontederiaceae).

Über das Sammeln von Moosen hinaus schreibt Rousseau auch:

„Ich bin auf den Einfall gerathen, eine Sammlung von Früchten und Saamen aller Arten zu machen, welche mit einer Kräutersammlung den dritten Theil eines Naturalienkabinets ausmachen würde. Ob ich nun gleich nur noch wenig gesammelt habe, und ich auch nicht hoffen darf, anders als sehr langsam und von ungefähr etwas zu erlangen, so merke ich doch auch hierzu schon den Mangel des Platzes; aber das Vergnügen, meine kleine Sammlung beständig durchzugehen und zu besehen, kann mir allein die Mühe sie zu machen vergelten, hielt ich sie nun weit von mir entfernt, so würde ich aufhören, ihrer zu genießen. Wenn Ihre Leute und Gärtner etwan bisweilen von ungefähr Buchekkern, Früchte von Erlen, Ahorn, Birken und überhaupt alle trockne Früchte wilder und anderer Bäume unter ihren Füssen fänden, sie aufhüben und ein Paar davon in die Tasche steckten, und Sie wollten mir dann gelegentlich einige davon zukommen lassen, so würde ich ein doppeltes Vergnügen haben, meine entstehende Sammlung mit ihnen zu zieren."

Mit dem Kürzel *M**** könnte der französische Staatsmann und leidenschaftliche Botaniker Chrétien-Guillaume de Lamoignon de MALHERBES (1721-1794) gemeint gewesen sein – s. S. 17/18.

Und am Ende dieses ersten Briefes ist noch zu lesen:

„Ich habe die botanischen Bücher, von welchen Sie mir das Verzeichniß geschickt haben, alle bey mir, ausgenommen des Dillenius Geschichte der Moose..." – und das Thema Moose behandelt Rousseau in seinem zweiten Brief:

Ueber die Moose.

Paris, den 19ten Dec. 1771.

Hier schikke ich Ihnen, mein Herr, einige Stückchen von Moosen, die (ich) in der Eile gesammelt habe, um Sie wenigstens in den Stand zu setzen, daß Sie, ehe die Jahreszeit sie zu beobachten vorbeygehet, die vornehmsten Gattungen derselben unterscheiden können. Dieser Kenntniß widmete ich mit sehr vielem Vergnügen den Winter, den ich in den Moosen zubrachte, wo ich von Gebürgen, Gehölzen und Felsen, die ganz mit den seltensten Haarkräutern und Moosen überzogen waren, umgeben war. Seit der Zeit hab' ich aber dieses Geschlecht so ganz aus den Augen verloren, daß mein verloschnes Gedächtniß mir, von allem dem, was ich darinnen gelernt hatte, nichts mehr darstellt, und da ich das Werk des Dillenius [s. S. 56f], eines in solchen Untersuchungen unentbehrlichen Führers, nicht habe, so hab' ich nur mit vieler Mühe, und oft doch noch mit Ungewißheit, die Arten, die ich Ihnen schikke, bestimmen können. Jemehr ich drauf bestehe, die Schwierigkeiten durch mich selbst und ohne irgend Jemands Hülfe zu überwinden, jemehr bestärke ich mich in der Meynung, daß die Botanik, so wie man sie gewöhnlich treibt, eine Wissenschaft ist, die man nur durch Fortpflanzung oder Uebertragung lernt; man zeigt die Pflanze und nennt sie; ihr Figur und ihr Name prägt sich dann zugleich dem Gedächtniß ein. Auf diese Art kostet es keine große Mühe den Namen einer großen Anzahl Pflanzen zu behalten, aber wenn man sich deswegen für einen Botaniker hält, so irrt man sich sehr, man ist nur ein Kräuterkenner, und wenn es dann darauf ankommt, Pflanzen, die man noch niemals gesehen hat, allein und ohne Führer zu bestimmen, so steht man mit einemmale da und ist am Ende seiner Gelehrsamkeit. Ich bin aber, da ich den entgegengesetzten Weg ergriffen habe, noch unwissender geblieben. Immer allein und ohne einen anderen Lehrer als die Natur, hab' ich unglaubliche Mühe auf eine sehr kleine Kenntniß verwand. Ich bin dahin gekommen, daß ich mit vieler Arbeit die Gattungen so ziemlich bestimmen kann; von den Arten aber, deren Verschiedenheiten von der Natur oft sehr wenig angegeben, und von den Schriftstellern noch schlechter aufgezeichnet sind, habe ich nur eine sehr kleine Anzahl mit Gewißheit zu unterscheiden gelernt, vornemlich in dem Geschlechte der Moose, und hauptsächlich in den schweren Gattungen, wie Hypnum (Astmoos), Iungermannia (der Name des Erfinders) und Lichen (Flechten). Von denen aber, die ich Ihnen geschickt habe, glaube ich doch gewiß zu seyn, bis auf eins oder zwey, die ich auf mit Fragezeichen unterschieden habe, damit Sie im Vaillant und Dillenius nachsehen können, ob ich mich geirrt habe oder nicht. Dem sey nun wie ihm wolle, so glaube ich, daß man damit anfangen muß, eine gewisse Anzahl Arten handwerksmäßig kennen zu lernen, damit man hernach die andern nach ihnen bestimmen kann, und ich glaube, daß die, die ich Ihnen schikke, wenn Sie sie gut studieren, hinreichen werden, Sie mit dem Geschlecht genau bekannt zu machen, und wenigstens die Gattungen, bey dem ersten Anblick an der jeden eigenen Gestalt unterscheiden zu können. Aber es giebt noch eine andere Schwierigkeit; daß nemlich die Moose, wenn sie so in Stückgen aufgelegt sind, auf dem Papier nicht den nemlichen Anblick geben, den sie auf der Erde, wenn sie buschig oder als dichter Rasen beysammen stehen. So ist es also ganz unnütz, wenn man die Kräuter aus einer Kräutersammlung, und vornemlich aus einer Sammlung von Moosen, will kennen lernen, wenn man sie nicht vorher auf der Erde gesucht hat. Diese Arten von Sammlungen müssen blos zur Erinnerung, nicht aber zum ersten Unterricht dienen. Unterdessen zweifle Ich, ob Sie, mein Herr, leicht Zeit und Geduld genug haben werden, Sich mit der Untersuchung eines jeden Busches, Kraut oder Moos, den Sie auf Ihrem Wege finden, zu bemühen. Folgendes aber wird, wie mich dünkt, ein Mittel seyn, das Sie ergreifen könnten, um mit Nutzen alle Gewächse Ihrer Gegend zu untersuchen, ohne daß Ihnen, bey nichtsbedeutenden Kleinigkeiten, die Köpfen, die gewohnt sind ihre Begriffe allgemein zu machen, und alle Gegenstände im Großen zu betrachten, unerträglich sind, die Zeit lang werden dürfte. Sie müßten nemlich einen Ihrer Bedienten, Aufseher oder Gärtnerburschen, einigen Geschmack an der Kenntniß der Pflanzen beybringen, diesen mit auf Ihre Spatziergänge nehmen und ihn die Pflanzen, die Sie nicht kennen würden, pflücken lassen, besonders die Moose und Gräser; zwey schwere und zahlreiche Geschlechter- Er müßte sehen, daß er sie blühend, wo ihre unterscheidenden Kennzeichen am deutlichsten sind, bekäme. Von jedem müßte er zwey Stück nehmen, eins legte er auf die Seite, um es mir zu schikken, und zwar unter der nemlichen Nummer, die das andere, welches Sie behielten, hätte, und zu der Sie hernach den Namen der Pflanze, wenn ich ihn Ihnen geschickt hätte, schrieben. So würden Sie sich die Arbeit dieser Bestimmung ersparen, und mir, der ich ihrer gewohnt bin und mich ihr mit Leidenschaft überlasse, würde es blos ein Vergnügen seyn. Es scheint mir, daß Sie, mein Herr, auf diese Art in kurzer Zeit alle Gewächse Ihrer Ländereyen und der Gegenden gesammelt haben würden, und daß, da Sie Sich, ohne daß es Ihnen beschwerlich wird, dem Vergnügen zu beobachten überlassen, Sie auch noch, durch Hülfe eines sichern Nabenverzeichnisses, Sich das Vergnügen, Ihre Beobachtungen mit den Beobachtungen der Schriftsteller zu vergleichen, verschaffen könnten. Ich rühme mich jedoch nicht Alles bestimmen zu können. Aber die lange Gewohnheit, die Felder zu durchsuchen, hat mich mit dem größten Theil der einheimischen Pflanzen vertraut gemacht. Nur in den Gärten und bey ausländischen Gewächsen bin ich in der Fremde. Was ich endlich nicht habe bestimmen können, das wird für Sie, mein Herr, ein Gegenstand des Nachforschens und der Wißbegierde seyn, welcher ihr Vergnügen nur noch reizender machen wird. Wenn diese Einrichtung Ihnen gefällt, so bin ich Ihren Diensten, und Sie können versichert seyn, daß Sie mir zugleich ein sehr angenehmes Vergnügen mit verschaffen.

Kunstdruck Moose 1894

Ludwig Jungermann

[Mit *Hypnum* ist die Gattung der Schlafmoose gemeint – 5. im Kunstdruck: *Astmoos*. Zu *Jungermannia* – s. 2. und 3. Im Kunstdruck – benannt nach dem Arzt und Botaniker Ludwig Jungermann (1572-1653). Heinrich Bernhard Rupp (1688-1719) nannte ihm zu Ehren die Gattung *Lebermoose Jungermannia*; Linné übernahm später diesen Namen.]

Ich erwarte das Verzeichniß, welches Sie mir versprochen haben, um an seiner Ausfüllung, so viel von mir abhängen wird, zu arbeiten. Die Arbeit an Kräutersammlungen wird meine schönen Sommertage sehr angenehm beschäftigen. Unterdessen hoffe ich nicht, jemals an ausländischen Pflanzen sehr reich zu seyn, und meines Erachtens bestehet auch das größte Vergnügen der Botanik darinnen, vielmehr die Natur um und neben sich, als in beyden Indien zu studieren und kennen zu lernen. Doch bin ich glücklich genug gewesen, der kleinen Sammlung, die ich Ihnen zu schikken die Ehre habe, einige seltene Pflanzen beylegen zu können, und unter andern die wahre Papierpflanze [Papyrus], die bisher in Frankreich noch nicht, selbst dem Herrn von Jussieu nicht bekannt war. Ich habe Ihnen freylich nur ein kleines, schlechtes Stückchen schikken können, es ist aber doch genug, um diese rare und kostbare Cyperart unterscheiden zu können. Da ist nun eine Menge Geschwätz, aber die Botanik reißt mich immer ganz hin, und ich habe das Vergnügen, mit Ihnen, mein Herr, von ihr zu sprechen: gestatten Sie mir also immer ein wenig Nachsicht.

Cyprus papyrus – Echter Papyrus („Papyrus-Segge“: Zeichnung von Luigi Balugani 1737-1770)

Ich schikke Ihnen nur alte Moose; ich habe vergebens frische auf dem Felde gesucht. Es wird vor dem Monat Februar deren nicht viel geben, weil der Herbst sehr trokken gewesen ist, und noch immer wird man sie weit suchen müssen. Man findet um Paris fast keine andern, als immer die nemlichen.“

REZENSIONEN

Leipziger Gelehrte Zeitungen

Sechstes Stück. Montags, den 21. Jan. 1782.

Frankfurt u. Leipzig.

Unter dieser Aufschrift sind für Orell etc. zu Zürich gedruckt: J. J. Rousseaus Botanik für Frauenzimmer, in Briefen an die Frau von L**. Aus dem Französischen übersetzt. 1781. 8 Bogen in 8. (6 Gr.) Diese Briefe enthalten in einer angenehmen Kürze und Deutlichkeit das Lehrreichste und Wissenswürdigste von der Eintheilung der Geschlechter der Blumen und Pflanzen, von ihrer Fortpflanzung, ihrer Bildung u.s.f. Sie sind würklich von Rousseau, der bekanntermaßen ein großer Liebhaber der Botanik war, an eine seiner Verwandtinnen geschrieben, die ihren Aufenthalt auf dem Lande sich dadurch noch angenehmer machen wollte, daß sie ihre junge Tochter mit diesem schönen Theil der Schöpfung genauer bekannt machte, und deswegen von R. Anweisung dazu verlangte. Man findet daher auch hier kein schweres, systematisches Nahmenverzeichniß der Pflanzen, sondern nur so viel von ihnen als nöthig ist, um die auch in den kleinsten Dingen große Weisheit des Schöpfers noch mehr zu bewundern. Kurz, wir können diese Briefe allen Frauenzimmern und Mannspersonen, die hierinne noch unerfahren sind, und sich doch ihre Spaziergänge und den Aufenthalt auf dem Lande nicht nur angenehm, sondern auch zugleich lehrreich und nützlich machen wollen, mit Recht empfehlen.“

GARTENLAUBE 2. Jg. (1783), S. 25/26

„J. J. Rousseau's Botanik für Frauenzimmer, in Briefen an die Frau von L. Aus dem Franz. übersetzt. kl. 8. 8 Bog. Frankfurt und Leipzig 1781.

Der einsiedlerische Philosoph, der an dem Umgang mit dem Menschen wenig Geschmack fand, ergötzte sich in seinen letzten Jahren mit dem Studium der Pflanzen; und obgleich es scheint, daß diese Briefe nicht zum Druck bestimmt waren, so sieht man doch, daß er die Wissenschaft nach Anleitung der besten Botaniker getrieben, und sich darin sehr gründliche Einsichten erworben. Diese kleine Schrift wird hier angezeigt, weil wir in der That für das schöne Geschlecht, das sich mit den Pflanzen genauer, als durch den gewöhnlichen Anblick oder Gebrauch geschieht, bekannt zu machen wünscht, keine kürzere und leichtere Anleitung haben. Der Unterricht ist so deutlich, so natürlich und angenehm, daß man ihn nur lesen darf, um ihn zu verstehen; und zur Erläuterung sind immer solche Gewächse gewählt, die in jedem Garten zur Hand sind. Freilich ist es nur der erste Unterricht in der Botanik, und zwar für Personen, die eben keine gelehrte und vollständige Wissenschaft suchen; man findet hier aber doch das Nöthigste, und kan[n] durch Nachdenken und Beobachten auf diesem Wege sehr leicht von selbst weitere Fortschritte machen."

Eine der neuesten „Rezensionen" ist in den „Sitzungsberichten der Leibniz-Sozietät der Wissenschaften zur Berlin" 117 (2013), 155-181 enthalten: Frank TOSCH: „... die Pflanzen in ihrem natürlichen Zustand [...] kennenzlernen" – Zur Botanik und die botanischen Lehrbriefe Rousseaus – mit zahlreichen Fußnoten und ausführlichen Literaturangaben. Dort nennt der Autor auch die Veröffentlichung von Ferdinand COHN, *Jean Jacques Rousseau als Botaniker,* in: „Die Pflanze. Vorträge aus dem Gebiete der Botanik. 2. Aufl. Band 1, Breslau 1896."

Ferdinand Julius **COHN** (1828-1898) war Botaniker und Mikrobiologe. Er studierte in Breslau Naturwissenschaft, konnte dort wegen seiner jüdischen Herkunft nicht promovieren, so dass er nach Berlin wechselte und dort bei dem Chemiker Eilhard Mitscherlich bereits 1847 promovierte. Ab 1859 wirkte er als Professor und Direktor des botanischen Museums der Universität in Breslau und gründete dort 1866 das pflanzenphysiologische Institut.

FERDINAND COHN:

IV. **Jean Jacques Roussseau als Botaniker**, 157-204

Inhalt.

Albrecht von Haller 160; Voltaire und Rosseau 162; R.s Einfluß auf die Entwicklung des Naturgefühls; R. und Frau von Warens in Chambéry 169; R. in Motiers-Travers 173; in England 173; R.s Herbarien 175; R.s Studien der Botanik in Paris 177; Wechsel in seinen Gemüthsstimmungen und in seinen botanischen Beschäftigungen 177; Rêveries 182; R. auf der Petersinsel im Bieler See 183; R. in Ermonville 184; Einleitung zu den Bruchstücken eines botanischen Wörterbuchs 186; Beobachtung der Pflanzenwelt als Bildungselement für die Kinderseele 189; **R.s botanische Briefe an Frau Delessert 190**; deren pädagogische Bedeutung 193; Rs. Einfluß auf Goethe 196. – Erläuterungen 199.

COHN:

Rousseaus botanische Briefe an Frau Delessert

„Als Rousseau sich in den Jahre 1768 und 1770 für längere Zeit in Lyon aufhielt, verkehrte er am liebsten in der Villa Boy de la Tour, deren Herrin, weitläufig mit ihm verwandt, ihm das Asyl zu Motiers-Travers gewährt hatte. Die ältere Tochter begleitete Rousseau oft bei seinen botanischen Exkursionen nach den aussichtsreichen Höhen von Fourvières und zeigte so lebhaftes Interesse für die Pflanzenkunde, daß Rousseau ihr zu Belohnung mit eigener Hand ein Herbar zusammenstellte; die jüngere Schwester, erst seit kurzer Zeit an den Schweizer Kaufmann Delessert aus Cossonay [Bezirk Morges Kanton Waadt, Schweiz], der sich in Lyon niedergelassen, verheirathet und Mutter eines Töchterchens, zog es vor, sich mit dem Verfasser des ‚Emile' über Kindererziehung zu unterhalten, was ihr übrigens im Herzen des Philosophen keineswegs schadete. Als später das Kind schon in seinem fünften Lebensjahre lebhaften Wissenstrieb entwickelte, glaubte die junge Mutter seine Aufmerksamkeit am besten zu beschäftigen und zu üben, indem sie ihm Blumen zeigte und deren Namen lehrte; nun wandte sie sich an den alten Freund ihres Hauses um Rath und bat ihn um einen kleinen Katalog der gewöhnlichsten Pflanzen und deren Unterscheidungsmerkmale.

Rousseau geht sofort auf ihre Wünsche ein, er schickt ihr im Zeitraum von zweiundzwanzig Monaten acht Briefe, in denen er nach einer wohl und lange erwogenen Methode der Mutter Unterweisung giebt, wie sie erst lernend, dann lehrend den Unterricht der Botanik für ihr

Töchterchen fruchtbringend zu leiten habe. Vor allem billigt er ihren Plan; , denn das Studium der Natur reinigt (émousse, entmoost) in jedem Alter den Geist von dem Hange zu frivolen Vergnügungen, beugt dem Tumult der Leidenschaften vor und gewährt der Seele eine Richtung, die sie mit den würdigsten Gegenstande ihrer Betrachtungen erfüllt.' Aber mit dem bloßen Erlernen der Pflanzenamen ist nichts gethan; man kann ein großer Botaniker ein, ohne auch nur eine Pflanze mit Namen zu kennen. Von Allem müssen einige Vorbegriffe über die Organisation der Pflanzen erworben werden, bevor man sich auch nur einige Schritte hinauswagen will in das schönste und reichste der drei Naturreiche. (...)

[...]

Rouseaus Briefe über die Elemente der Botanik besitzen alle Reize eines Briefstils; die Anmuth und Klarheit des Ausdrucks wird belebt durch eine altfranzösische Galanterie, die dem misanthropischen Philosophen nicht übel zu Gesicht steht. Wenn er seine Schülerin darauf aufmerksam macht, daß sie die innere Einrichtung mancher Blumen wegen ihrer Kleinheit mitbloßen Augen nicht werde wahrnehmen können, und ihr daher anräth, sich mit dem Handwerkszeug der Botaniker, mit Lupe, Nadeln, Pinzette und einer guten Schere zu versorgen, so verfehlt er nicht, sich das reizende Bild auszumalen, ,wie seine schöne Cousine mit dem Vergrößerungsglas in der Hand die Blumen zerpflücken werde, die doch hundert Mal weniger blühend, weniger frisch, weniger liebreizend seien als sie selber.'

Rousseaus botanische Briefe sind aber auch eine *pädagogische That*, deren volle Bedeutung noch heut nicht genügend anerkannt ist. In der Zeit, wo jene Briefe geschrieben wurden, war das Linnésche System zur unbedingten Herrschaft gelangt; kein wissenschaftliches, kein populäres Buch über Botanik erschien, in dem die Pflanzen nicht nach Linné geordnet waren. Wir wissen, welch begeisterter Verehrer Linnés gerade Rousseau war; die logische Konsequenz des Linnéschen Pflanzensystems, die Genauigkeit seiner Gattungs- und Artenmerkmale, selbst die energische, poetisch angehauchte Sprache des schwedischen Reformators erregten seine vollste

Bewunderung. Aber für den botanischen Jugendunterricht verwerthet Rousseau nicht das künstliche System Linnés, sondern die natürliche Methode der Pflanzenfamilien. Denn hier kommt es darauf an, in dem Kinde nicht allein den Sinn für scharfe Unterscheidung und systematische Anordnung von Naturgegenständen, sondern auch die höhere Fähigkeit auszubilden, aus den einzelnen Anschauungen das Gemeinsame, aus den speziellen Beobachtungen das Allgemeine zur erkennen. Indem das Kind angeleitet wird, die verwandtschaftlichen Züge, die allen Pflanzen einer Familie gemeinsam sind, durch die Beobachtung aufzufassen und dieselben durch die genaue Analyse klar dazulegen, erhält dasselbe eine harmonische Ausbildung seiner sinnlichen Anschauungen und seiner Geisteskräfte, wie sie durch keinen anderen Lehrgegenstand gewonnen werden kann. (...)

Wir müssen Rousseaus botanische Unterrichtsmethode um so höher stellen, als zu jener Zeit die natürlichen Pflanzenfamilien wissenschaftlich noch gar nicht begründet waren. Zwar hatte, (...), Bernard de Jussieu bereits 1758 die im botanischen Garten von Klein-Trianon angebauten Gewächse nach natürlichen Familien geordnet, aber er hatte nicht gewagt, damit vor die Oeffentlichkeit zu treten; erst 1789 wurde die natürliche Methode durch seinen Neffen Antoine Laurent in die Wissenschaft eingeführt. Rousseau war eben auch in der Botanik, wie in der Politik, der Vorläufer einer Revolution, welche erst ein Jahrzehnt nach seinem Tode sich in der Welt Bahn brechen sollte. [...]"

Das Ende in Ermenonville

COHN:

„Ende Mai 1778 siedelt Rousseau von Paris nach dem fünf Meilen nördlich von der Stadt belegenen Park von Ermenonville über, wo ihm der Besitzer, Marquis de Girardin, ein Asyl bereitet hatte. Der Marquis gehörte zu den angesehensten Repräsentanten des liberalen Adels; er hatte seine Kinder nach Rousseauschen Grundsätzn auferzogen und betrachtete es als

Lebensaufgabe, die Schönheit der Natur in seiner Umgebung zu freier Entstehung zu bringen; er war nicht nur als Schriftsteller für die Landschaftsgärten nach Rousseaus Ideen eingetreten, sondern er hatte auch seinen Besitz in Ermenonville in einer der großartigsten Parke umgeschaffen, der eine Fülle abwechslungsvoller Scenerien: Hügel und Felsschluchten, Bäche, Flüsse und inselreiche Seen vereinigte. Während Rousseau die älteste Tochter des Hauses im Gesang unterrichtet, macht er in Begleitung des Sohnes Spaziergänge durch den Park und den anstoßenden Wald, um die Flora der Gegend zu erforschen und für sein Herbar einzusammeln; oder auf einer Rasenbank unter einer alten Fichte sitzend, versammelt er die Kinder um sich, die ihm Blumen bringen und sich von ihm die Namen lehren lassen. So hat ihn uns Le Barbier in einem schönen Stiche dargestellt, der dem siebenten Bande seiner gesammelten Werke beigeheftet ist: ein Pflanze in der einen, die Lupe in der anderen Hand, zu seinen Füßen ein Buch mit der Aufschrift „Linnéus".

Doch nur kurze Zeit genießt Rousseau den Frieden von Ermenonville; am 2. Juli ruft ihn ein Schlaganfall dahin, vierunddreißig Tage nach Voltaires Tod. Ein Grabmal wurde ihm mitten in dem großen See des Parks auf der Pappelinsel errichtet; von hier ließ der Konvent seine Gebeine nach Paris bringen, um sie in den Gruftgewölben des Pantheons neben denen Voltaires beizusetzen; die Restauration von 1814 ließ beide wieder entfernen und in eine gemeinsame Kalkgrube werfen."

Der Park von Ermenonville

Der Park entstand aus einer Domäne, die 1762 dem Marquis René Louis de GIRARDIN (1735-1808), Schöpfer des Parks und Schriftsteller, 1762 durch Erbschaft zugefallen war. Der Marquis erweiterte durch Kauf und Landtausch den Besitz bis 1768 auf etwa 800 Hektar, die aus Wiesen, Wald und Wasserflächen, dem 1603 errichteten Schloss und dem Dorf Ermenonville bestanden. Aus seinen Gewinnen aus der Landwirtschaft konnte er die Parkanlage nach seinen Ideen gestalten – in einen Nordpark (*petit parc*), die

„Wildnis“ (*désert*) und den Südpark (*grand parc*). Der südlich Bereich des Parks heißt heute *Parc Jean-Jacques-Rousseau*. Die Gestaltung der Anlagen entsprach den Vorstellungen von Rousseau in seinem 1761 erschienenen Roman *Julie oder Die neue Heloise*, worin ein Garten im Gegensatz zu einem Barockgarten nur der Natur verpflichtet sein sollte. Im Widerspruch dazu standen jedoch romantische Gestaltungen wie Grotte und Ruine. Eine Überhöhung stellte auch die *Pappelinsel* (*île des peupliers*) dar, heute mit dem leeren Sarkophag des Philosophen.
Der Landschaftspark von Ermenonville liegt etwa fünfzig km nordöstlich von Paris.

Literaturhinweis: Michael Niedermeier und Michael Seiler: Die Gärten von Ermenonville, Mitteilungen der Pückler-Gesellschaft, Neue Folge Band 22 (2007)

Der Marquis Renè Louis GIRARDIN neben einer Büste von Jean-Jacques ROUSSEAU vor einer Landschaft (Gemälde von vermutlich Jean-Baptiste Greuze (1725-1805) um 1750

Die Pappelinsel mit dem Kenotaph von Rousseau
(Helena Radziwillova 1795 in „Arkadia")

Rousseau‘s HERBARIEN

Das verlorene Herbarium von Rousseau in Berlin

Botanisiertrommel (in Cohn S. 176)

Ferdinand COHN über *Rousseau's Herbarium* (Die Pflanze, 2. Aufl. S. 185)

„Sein geliebtes Herbar hatte Rousseau seiner Schülerin, Fräulein von Girardin, vermacht; gegenwärtig befindet sich diese Reliquie im Berliner botanischen Museum, elf Quartbände in weißen Pergamentbänden, die Pflanzen sehr sauber gepreßt, vorzüglich erhalten und nach Linnés System geordnet; das Ganze in einem kleinen, polirten gleichaltrigen Spind bewahrt, das en den Seiten die Namen „Emile" und „Héliose", vorn aber Rouseaus schönen Wahlspruch trägt:

Vitam impendere vero.[20] [Das Leben der Wahrheit widmen]

[20] (S. 185) Ueber Rousseaus Herbarium siehe Urban, „Geschichte des botanischen Gartens und des botanischen Museums" in Eichler, Jahrbücher des botan. Museums in Berlin, Bd. I. und meine Beschreibung im Jahresbericht der Schlesischen Gesellschaft 1887. S. 153. Jede Pflanze ist mit schmalen

Goldpapierstreifen auf einem in Quart zusammengefalteten Folioblatt befestigt; die eine Quartseite enthält gewöhnlich von Rousseaus Hand den Namen und die Beschreibung der Pflanzen, die letztere meist in einer abgekürzten, von Rousseau erfundenen, ideographischen Bilderschrift; auch der Katalog von diesem Herbar, sowie der ersten, durch Rousseau seit 1765 angelegten, 1775 nach England verkauften Sammlung werden in dem nämlichen Spind aufbewahrt."

In der Zeitschrift Kochia (17: 75-84/2024) berichtet Uwe Raabe „Wie eines von Jean-Jacques Rousseaus Herbarien vor 200 Jahren nach Berlin kam".
Die Zusammenfassung lautet:
„Das Botanische Museum in Berlin-Dahlem (B) besaß bis zur Brandkatastrophe 1943 ein Herbarium von Jean-Jacques Rousseau. Ein Schreiben des Direktors des königlichen botanischen Gartens, Heinrich Friedrich Link, belegt, dass es 1825 als Geschenk an den preußischen König nach Berlin kam."

Ascherson, P., Hennings, P. & Potonié, H. berichteten (1891) unter dem Titel „Das königliche botanische Museum zu Berlin" in der Naturwiss. Wochenschr. (6/23, S, 225-229, 238-239) auch über *Rousseaus Herbarium* im damaligen Botanischen Museum in Schöneberg (heute „Haus am Kleistpark").

Cohn: Rousseau als Botaniker

„Ein historisches Curiosum ersten Ranges bildet das Herbarium von Jean Jacques Rousseau, welches wir auf unserem Bilde im Vordergrunde in dem pfeilerartigen Schränkchen bemerken. Der berühmte Philosoph beschäftigte sich bekanntlich, wenn auch diletantenhaft, doch mit regem Eifer, namentlich in seinen späteren Jahren, mit Botanik. Die Pflanzen sind in einem Miniatur-Format aufgelegt, mit Goldpapierstreifen befestigt und grösstentheils gut erhalten. Die Vorliebe Rousseau's für kaligraphische Uebungen bethätigt [gemeint ist wohl „bestätigt"] *sich in mehreren bei der Sammlung befindlichen Katalogen.“* [Zum erwähnten Bild s. Abb. oben]

Zu den Autoren:

Paul Ascherson

Paul Hennings

Henry Potonié

Paul ASCHERSON (1834-1913) war Botaniker, Historiker, Ethnograph; ab 1865 am Königlichen Herbarium tätig und ab 1873 Professor an der Berliner Universität.

Paul Christoph HENNINGS (1841-1908) war autodidaktischer Botaniker und Mykologe und war am Botanischen Garten in Kiel und ab 1880 in Berlin Leiter des Schaumuseums im Königlichen Botanischen Garten tätig.

Henry POTONIÉ (1857-1913) war Botaniker und Paläobotaniker und seit 1880 am Botanischen Garten und Museum tätig. Er engagierte sich für eine fachlich fundierte Popularisierung der Naturwissenschaften und wirkte auch als Redakteur der *Naturwissenschaftlichen Wochenschrift*.

Das von den drei Autoren genannte Botanische Museum befand sich 1891 noch in Schöneberg (heute das „Haus am Kleistpark").
1885 berichtete Albert Jansen in seinem Buch „Jean-Jacques Rousseau als Botaniker" ausführlich über die Herbarien – u.a. auch über das Berliner Herbarium (s. weiter unten).
Über die Geschichte, wie das „kleine Herbarium Rousseaus" nach Berlin kam, berichten die Autoren Folgendes:
Nach JANSEN sei es zunächst nach dem Tod von Rousseau in den Händen des Marquis René Louis de GERARDIN (1735-1808) gelangt.

Eine weitere ausführliche Beschreibung dieses verlorengegangenen Berliner Herbariums berichtete Ignaz URBAN (1917 – Geschichte der Königlichen Botanischen Museum zu Berlin-Dahlem (1815-1913), in: Beih. Bot. Centralbl. Abt. 1, 34).
Ignaz URBAN (1848-1931) war von 1889 bis 1913 Unterdirektor des Botanischen Gartens und des Botanischen Museums nach deren Verlegung nach Dahlem tätig, an der er auch entscheidend beteiligt war.

Urban weist auch auf ein 1764 begonnenes Herbarium hin:
„Das ältere, 1764 begonnene enthielt mehr als 2000 Arten und wurde, weil es ihm [Rousseau] bei seinen vielen Reisen zu große Transportkosten verursachte, 1775 an einen Engländer verkauft. Der zugehörige Katalog, ein Heft in Schmal-Folio, vom Jahre 1770 befindet sich bei uns.

Das zweite Herbar, welches Eigentum unsers Museums ist, wird in einem kleinen gelbpollerten Spind aufbewahrt, das oben einen Schiebkasten, inwendig 3 Fächer enthält; auf der Vorderseite ist als Inschrift Rousseaus Wahlspruch ‚Vitam impendere vero' [Das Leben der Wahrheit weihen] schwarz eingelegt, umgeben von Arabesken und zwei Greifen rechts und links, an den beiden Seiten stehen die Worte ‚Heloise' und ‚Emile', ebenfalls schwarz eingelegt, auf der Rückseite ‚Contrat Sociol.'. In diesem Spind liegen die 11 Bände des Herbars in gelblichen Pergamentmappen, mit grünen Leinwandbändern und Schnallen verschlossen; die Pflanzen sind sauber gepreßt und mit schmalen Goldpapierstreifen auf Folioblättern von Schreibpapier befestigt, welche in Quart zusammengebrochen sind. Das vordere Blatt enthält den lateinischen Namen der Pflanze, mitunter mit Diagnose oder kritischen Bemerkungen, zum Teil in einer von Rousseau erfundenen hieroglyphischen Zeichenschrift. Das Herbar ist nach Linné geordnet und umfaßt diejenigen Pflanzen, die er seit 1777 in der Umgebung von Paris und insbesondere von Ermenomville (20. Mai bis 2. Juli 1778 bis zu seinem Tode) sammelte, außerdem Doubletten der ersten Sammlung. Das dazugehörige Verzeichnis ist in einem Oktavbande vorhanden und wahrscheinlich von Frl. de Giradin, der Tochter von Rousseaus Gastfreunde in Ermenonville und späteren Besitzerin des Herbars geschrieben; es ist jetzt nebst Proben der getrockneten Pflanzen in einem Glaskasten oberhalb des Spindes zur Schau gestellt. [...]"
U. Raabe konnte in seinem Bericht feststellen, dass aus einem mit dem 17. Dezember 1825 datierten Schreiben von Johann Heinrich Friedrich LINK (1767-1861) an einen nicht genannten Empfänger Folgendes zu entnehmen aus:

„Die Gräfin Bohm, geb. Marq. de Gerardin hat dem Könige Rousseau's Herbarium zu Füßen gelegt, u. dieser es dem Ministerium des Unterrichts zur Disposition übergeben. Dieses Herbarium habe ich nun von dem Prediger Henry in Empfang genommen, und es einstweilen in die Universität (Laboratorium) bringen lassen. (...) Ich bitte eine Zeit zu bestimmen, wann es kann nach dem Herbarium Zimmer transportirt werden, welches mit einem Wagen geschehen muß, u. Otto wohl thun lassen würde..."

Ergänzend berichtet U. Raabe, dass ein Brief von Friedrich Wilhelm III. vom 27. Mai 1825, in dem er sich bei der Gräfin Bohm für das Herbarium bedankt habe, bereits 1898 veröffentlicht worden sei.

Bei der Gräfin Bohm bzw. Frl. de Girardin handelte es sich um die Tochter des Gastfreundes von Rousseau in Ermenonville (s.o.) – um Sophie Victoire Alexandrine de Girardin (1763-1845), seit 103 in zweiter Ehe mit dem preußischen Diplomaten Christian Wilhelm Andreas von Bohm (1768-1824) verheiratet. Der Legationsrath, Kammerherr und Canonicus des Collegialstiftes St. Sebastian in Magdeburg war 1794 in den Adelsstand, 1810 in den Freiherren- und 1819 in den Grafenstand.

Jean HENRY

Eduard OTTO

J. H. F. LINK

Mit *Prediger Henry* ist der aus einer Hugenottenfamilie stammende Jean HENRY (1761-1831) gemeint, der seit 1795 in Berlin als Prediger wirkte und 1819 Präsident der französischen Provinzialsynode wurde. 1794 war er zunächst als Bibliothekar der Königlichen Bibliothek und Aufseher über das „Kunst- und Medaillen-Cabinet", von 1816 bis 1830 als Direktor der Königlichen Kunstkammer und der Altertumssammlung tätig.
Und mit *Otto* ist offensichtlich Christoph Friedrich OTTO (1783-1856) gemeint, der ab 1801 am Botanischen Garten in Berlin angestellt und ab 1823 Garten-Direktor war.
Johann Heinrich Friedrich LINK (1767-1851) war ab 1825 Direktor des königlichen botanischen Gartens.

Rousseaus Herbarium für Julie Boy de la Tour
(seit 1833 im Besitz der Zentral- und Universitätsbibliothek in Zürich)
Es entstand 1772, enthält 101 Pflanzen aus den Pflanzenfamilien „Lippen- und Racheblütler, Hahnenfuß-, Rosen-, Nelken-, Dolden-, Primelngewächse", auch von „Hundsgift-, Bisamkraut-, Nachtschattengewächse", ebenso „Sauer- und Süßgräser, Schachtelhalm, Farne und eine im Meer lebende Rotalge" (Ruth Schneebeli-Graf 2003)

Über „Das *Petit Herbier pour Mademoiselle Juli Boy de la Tour* von Jean-Jacques Rousseau. Sein Weg in die Zentralbibliothek Zürich" berichtete ausführlich Alexa RENGGLI.
In der Einleitung ist zu lesen:

„Im Kulturgüterschutzraum der Zentralbibliothek Zürich befindet sich unter der Signatur Var 12 ein kleines dunkelgrünes Kästchen, das für diesen Ort eher ungewöhnlich ist. Die Schachtel mit den Massen 264x187x97 mm enthält ein Herbar, das von Jean-Jacques Rousseau angefertigt worden ist mit dem Titel *Petit Herbier pour Mademoiselle Juli de Boy de la Tour.* Es stellt das einzige Stück seiner Art da im gesamten Bestand der Bibliothek. In der Schachtel befinden sich Beispiele von 101 Pflanzen, die sorgfältig einzeln auf einem Blatt aus Büttenpapier im Format 22x17 cm montiert sind. Sie wurden mit mehreren kleinen dünnen goldenen Papierstreifen fixiert. Die meisten Stücke erhielten eine Umrandung in roter Tinte, bei zwei Pflanzen wurde ein rechteckiges rot gefärbtes Blatt auf das Papier geklebt und als Untergrund verwendet, umrahmt von goldenen Papierstreifen. Das vordere weisse Deckblatt des gefalteten Bogens enthält jeweils in Rot die Nummer der Pflanze und bei 71 Beispielen den offiziellen lateinischen Namen, wie er von Carl von Linné (1707-1778) eingeführt worden war."

5 Hypnum proliferum (Schlafmoos)

Alexa RENGGLI berichtet dann über die „Liste mit sämtlichen Namen der gesammelten Pflanzen" mit den damals gebräuchlichen französischen Bezeichnungen.

Auch ist zu lesen:
„Wer gerne einmal durch alle Pflanzen hindurch blättern möchte, dem steht eine Version mit auf Halbkarton aufgezogenen Fotografien zur Verfügung."

Das Original jedoch werde nur selten für Ausstellungen ausgeliehen. Und inzwischen habe das Digitalisierungszentrum der Zentralbibliothek Zürich das gesamt Herbar noch einmal neu in elektronischer Form aufgenommen. Diese Bilder würden nun auf der Plattform e-manuscripta.ch präsentiert und so würde das Herbar auch für alle zugänglich.
(http://dx.doi.org/10.7891/e-manuscripta-2265) – seit 30.6.2013

Ausführlich wird auch die *Besitzgeschichte* dargestellt. Dort wird berichtte, dass Rousseau in seinem dritten Brief zur Botanik an Madeleine-Catherine Delessert-Boy de la Tour (1747-1816) vom 16. Mai 1772 erstmals dass er das Herbar dem Leutnant Frédéric Guynett auf dessen Reise in das Val de Travers. Das Herbar war für die jüngere Schwester Julie (1751-1826) bestimmt. Im Brief vom Juli 1772 macht er sich Sorgen, weil das Herbar noch nicht angekommen war. Erst im Oktober konnte er in einem Brief feststellen, dass das Herbar über zahlreiche Umwege nun in Lyon angekommen sei und dort auf die Empfängerin warte.

So erreicht es doch noch die damals 21jährige Julie Boy de la Tour, die 1778 den Landvogt von Nyon und Rartsherrn der Republik Bern Emmanuel-Nicolas Willading (1731-1794) heiratete. Nach ihrem Tod 1826 kam es in den Besitz der Tochter Julie verh. Fäsi (1781-1858); ihr Mann Henri Fäsi (1787-1864) war niederländischer Generalkonsul in Bern. Sie schenkten 1833 das Herbar der Stadtbibliothek Zürich.

Am 24. Januar 2024 veröffentlichte die Universität Neuenburg auf der Webseite von myscience.ch folgende Mitteilung (eingesehen 18.11.2024):

Rousseaus Herbarien sind online verfügbar.

„Die Universität Neuenburg veröffentlicht alle Herbarien von Jean-Jacques Rousseau online.
Die frische eingeweihte Website lesherbiersderrousseau.org vereint seine Sammlungen getrockneter Pflanzen des Genfer Schriftstellers und Philosophen der Aufklärung. Als leidenschaftlicher Botaniker entwarf der berühmte Denker reiche Herbarien, die ein Forscherteam an der Universität Neuchâtel untersuchte. Die Website richtet sich sowohl an Wissenschaftler als auch an die breite Öffentlichkeit.“

Es wird von fast 3700 Pflanzenexemplaren in vierzehn Sammlungen berichtet. Das Herbarium der *Bibliotheque publique et universitaire der Neuchâtel* weist 1242 Pflanzen auf. Es wird auch vermerkt, dass eine beträchtliche Anzahl der von Rouseau aufbewahrten Exemplare von dem französischen Botaniker Jean-Baptiste-Christophe FUSÈE-AUBLET (1723-1778) stamme, der exotische Pflanzen aus seinen Forschungen in Französisch-Guayana mitgebracht habe.

Frontispiz mit Porträt von Fusée-Aublet 1775

Goethe über den Botaniker Rousseau

In seinen Schriften „Über die Metamorphose der Pflanzen“ berichtete GOETHE auch über die Geschichte seiner botanischen Studien“.

(Quelle: Dorothea KUHN (Hrsgb.), Johann Wolfgang Goethe. Schriften zur Morphologie. Deutscher Klassiker Verlag, I. Abteilung: Sämtliche Werke Band 24, Frankfurt am Main 1987 – S. 741-744).
In den Anmerkungen ist zu lesen:
„Der Passus über Rousseaus botanische Arbeiten ist eine letzte Einfügung. Schon am 16.6. 1782 hatte Goethe an Carl August geschrieben:
»In Rousseaus Werken finden sich ganz allerliebste Briefe über die Botanik, worin er diese Wissenschaft auf das faßlichste und zierlichste einer Dame vorträgt.« Er meint die *Lettre ´lémentaires sur la Botanique*, Paris 1782.“

GOETHE:

„Indessen sich dergestalt meine botanischen Kenntnisse und Einsichten in lebenslustiger Gesellschaft erweiterten, ward ich eines einsiedlerischen Pflanzenfreundes gewahr, der mit Ernst und Fleiß sich diesem Fache gewidmet hatte. Wer wollte nicht dem im höchsten Sinne verehrten *Johann Jakob Rousseau* auf seinen einsamen Wanderungen folgen, wo er, mit dem Menschengeschlecht verfeindet, seine Aufmerksamkeit der Pflanzen- und Blumenwelt zuwendet, und in echter gradsinniger Geisteskraft sich mit den stillreizenden Naturkindern vertraut macht.

Aus seinen frühern Jahren ist mir nicht bekannt daß er zu Blumen und Pflanzen andere Anmutungen gehabt als solche, welche eigentlich nur auf Gesinnung, Neigung, zärtliche Erinnerungen hindeuten; seinen entschiedenen Äußerungen aber zufolge mag er erst nach einem stürmischen Autor-Leben, auf der St. Peters-Insel, im Bielersee, auf dies Naturreich in seiner Fülle aufmerksam geworden sein. In England nachher, bemerkt man, hat er sich schon freier und weiter umgesehen; sein Verhältnis zu

Pflanzenfreunden und -kennern, besonders zu der Herzogin von Portland, mag seinen Scharfblick mehr in die Breite gewiesen haben, und ein Geist wie der seinige, der den Nationen Gesetz und Ordnung vorzuschreiben sich berufen fühlt, mußte doch zur Vermutung gelangen, daß in dem unermeßlichen Pflanzenreiche keine so große Mannigfaltigkeit von Formen erscheinen könnte ohne daß ein Grundgesetz, es ei auch noch so verborgen, sie wieder sämtlich zur Einheit zurückbräche. Er versenkt sich in dieses Reich, nimmt es ernstlich in sich auf, fühlt daß ein gewisser methodischer Gang durch da Ganze möglich sei, getraut sich aber nicht damit hervorzutreten. Wie er sich selbst darüber ausspricht, wird immer ein Gewinn sein zu vernehmen.

»Was mich betrifft, ich bin in diesem Studium ein Schüler und nicht gegründet; indem ich herborisiere denk ich mehr mich zu zerstreuen und zu vergnügen als zu unterrichten, und ich kann bei meinen zögernden Betrachtungen den anmaßlichen Gedanken nicht fassen, andere zu unterrichten und dem was ich selbst nicht weiß.

Doch ich gestehe, die Schwierigkeiten, die ich bei dem Studium der Pflanzen fand, führten mich auf einige Vorstellungen, wie sich wohl Mittel finden ließen dasselbe zu erleichtern und andern nützlich zu machen, und zwar indem man den Faden eines Pflanzensystems durch eine mehr schritthaltende, weniger den Sinnen entrückte Methode zu verfolgen wüßte als es Tournefort getan und alle seine Nachfolger, selbst Linné nicht ausgenommen. Vielleicht ist mein Gedanke nicht ausführbar; wir sprechen darüber, wenn ich die Ehre habe Sie wieder zu sehen.«

Also schrieb er im Anfange des Jahrs 1770; allein es hatte ihm unterdessen keine Ruhe gelassen; schon im August 1771 unternimmt er, bei einem freundlichen Anlaß, die Pflicht andere zu belehren, ja was er weiß und einsieht Frauen vorzutragen, nicht etwa zu spielender Unterhaltung, sondern sie gründlich in die Wissenschaft einzuleiten.

Hier gelingt es ihm nun sein Wissen auf die ersten sinnlich vorzuweisenden Elemente zurückzuführen; er legt die Pflanzenteile einzeln vor,

lehrt sie unterscheiden und benennen, wieder hergestellt und sie benannt, teils durch Trivialnamen kenntlich gemacht, teils die Linnéische Terminologie ehrenhaft, ihren ganzen Wert bekennend, eingeführt; so gibt er alsobald eine breitere Übersicht ganzer Massen. Nach und nach führt er uns vor: Liliaceen, Siliquosen und Siliculosen, Rachen- und Maskenblumen, Umbellen und Kompositen zuletzt, und indem er auf diesem Wege die Unterschiede in steigender Mannigfaltigkeit und Verschränkung anschaulich macht, führt er uns unmerklich einer vollständigen erfreulichen Übersicht entgegen. Denn da er an Frauenzimmer zu reden hat, versteht er, mäßig und gehörig, auf Gebrauch, Nutzen und Schaden hinzuweisen, und dies um so schicklicher und leichter, da er, alle Beispiele zu seiner Lehre aus der Umgebung nehmend. Nur von dem Einheimischen spricht und auf die exotischen Pflanzen, wie sie auch gekannt sein und gepflegt werden mögen, keine Ansprüche macht.
[*Siliquosen und Siliculosen* = nach Linné zwei Gruppen innerhalb der Cruciferen (Kreuzblütler); Maskenblumen = Lippenblütler.
Kommentar zu *„breitere Übersicht ganzer Massen]* Damit weist Goethe auf Rousseaus Einteilung der Pflanzen in Familie hin, von denen hier einige genannt werden. Diese Systematikk beruft sich im Gegensatz zu dem künstlichen, nur an den Zahlverhältnissen in der Blüte orientierten System auf den gesamten Habitus der Pflanze mit vielerlei Kennzeichen von Blättern, Blüten, Früchten usw."]

Im Jahr 1822 gab man unter dem Titel *La Botanique de Rousseau* sämtliche Schriften in klein Folio sehr anständig heraus, begleitet mit farbigen Bildern, nach dem vortrefflichen *Redouté* alle diejenigen Pflanzen vorstellend, von welchen er gesprochen hatte. Bei deren Überblick bemerkt man mit Vergnügen, wie einheimisch ländlich er bei seinen Studien verfahren, indem nur Pflanzen vorgestellt sind, welche er auf seinen Spaziergängen unmittelbar konnte gewahr werden.

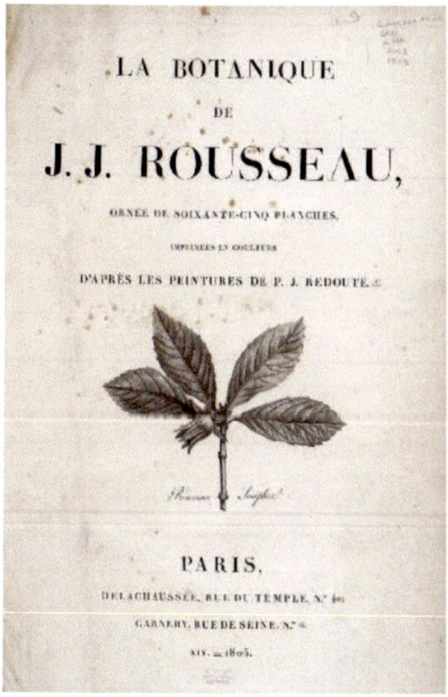

LA BOTANIQUE

DE

J. J. ROUSSEAU,

ORNÉE DE SOIXANTE-CINQ PLANCHES,

D'APRÈS LES PEINTURES DE P. J. REDOUTÉ.

PARIS,

GARNERY, RUE DE SEINE, N.° 6.

XIV. — 1805.

[Das mit Titelseite und der ersten Tafel mit *Lilium umbellatum* abgebildete Werk erschien zuerst 1805 in Paris; die 2. Auflage von 1822 entlieh Goethe 1830 und 1831 mehrmals aus der Weimarer Bibliothek.

Pierre-Joseph REDOUTÉ (1759-1849) war ein französischer Blumenmaler und Lithograph.

Fortsetzung GOETHE:

Seine Methode: das Pflanzenreich ins engere zu bringen, neigt sich, wie wir oben gesehen haben, offenbar zur Einteilung nach Familien; und da ich in jener Zeit auch schon zu Betrachtungen dieser Art hingeleitet war, so machte sein Vortrag auf mich einen desto größern Eindruck.

Und so wie die jungen Studierenden sich auch am liebsten an junge Lehrer halten, so mag der Dilettant gern vom Dilettanten lernen. Dieses wäre freilich in Absicht auf Gründlichkeit bedenklich, wenn nicht die Erfahrung gäbe, daß Dilettanten zum Vorteil der Wissenschaft vieles beigetragen. Und zwar ist dies ganz natürlich: Männer vom Fach müssen sich um Vollständigkeit bemühen und deshalb den weiten Kreis in seiner Breite durchforschen; dem Liebhaber dagegen ist darum zu tun, durch das Einzelne durchzukommen, und einen Hochpunkt zu erreichen, von woher ihm eine Übersicht, wo nicht des Ganzen, doch des Meisten gelingen könnte.

Von Rousseaus Bemühungen bring ich nur soviel nach, daß er eine sehr anmutige Sorgfalt für das Trocknen der Pflanzen und Anlegen von Herbarien beweist, und den Verlust desselben innigst bedauert, wenn irgend eins zu Grunde geht, ob er gleich auch hier, im Widerspruch mit sich selbst, weder Geschick noch anhaltende Sorgsamkeit haben mochte, um besonders bei seinen vielfachen Wanderungen auf Erhaltung genau zu achten; deswegen er auch dergleichen Gesammeltes nur immer als Heu angesehen haben will.

Behandelt er aber, einem Freund zu Liebe, die Moose mit billiger Sorgfalt, so erkennen wir aufs lebhafteste welchen gründlichen Anteil ihm die Pflanzenwelt abgewonnen habe; welches besonders die *Fragments pour un Dictionnaire des termes d'usage en Botanique* vollkommen bestätigen.

Titel Neuauflage 2019

Abbildung: Gewöhnliche Robinie

GOETHE

Soviel sei hier gesagt, um einigermaßen anzudeuten war wir ihm [Rousseau] in jener Epoche unserer Studie schuldig geworden."

LITERATURHINWEISE

(s. auch Im Text)

Biographien

SOËTARD, Michel: Jean-Jacques Rousseau. Leben und Werk. C.H.Beck, München 2012.

HOLMSTEIN, Georg: Jean-Jacques Rousseau mit Selbstzeugnissen und Bilddokumenten, Rowohlt, Reinbek bei Hamburg 1972.

ROUSSEAU, Jean-Jacques: Träumereien eines einsamen Spaziergängers, Reclam, Stuttgart 2003.

SCHNEEBELI-GRAF, Ruth: Botanisieren mit Jean-Jacques Rousseau. Die Lehrbriefe für Madeleine. Das Herbar für Julie, Ott Verlag, Thun 2003.

JANSEN, Albert: Jean-Jacques Roussseau als Botaniker, Ausgabe Forgotten Books, London 2018.